BUSINESS & SUCCESS

Bernd Röthlingshöfer

Marketeasing

Werbung total anders

2., neu bearbeitete Auflage

Erich Schmidt Verlag

Bibliografische Information der Deutschen Nationalbibliothek

Die Deutsche Nationalbibliothek verzeichnet diese Publikation
in der Deutschen Nationalbibliografie; detaillierte bibliografische Daten
sind im Internet über http://dnb.d-nb.de abrufbar.

**Weitere Informationen zu diesem Titel finden Sie im
Internet unter**

ESV.info/978 3 503 12451 0

1. Auflage 2006
2. Auflage 2010

Gedrucktes Werk: ISBN 978 3 503 12451 0
eBook: ISBN 978 3 503 12603 3

www.ESV.info

Dieses Papier erfüllt die Frankfurter Forderungen
der Deutschen Nationalbibliothek und der Gesellschaft für das Buch
bezüglich der Alterungsbeständigkeit und entspricht
sowohl den strengen Bestimmungen der US Norm Ansi/Niso
Z 39.48-1992 als auch der ISO-Norm 9706

Satz: Peter Wust, Berlin
Druck und Bindung: Danuvia, Neuburg an der Donau

Vorwort

◆

Marketing muss so anziehend sein, dass uns die Leute in ihrem Leben haben wollen.

Jim Stengel
Procter & Gamble

He! Aufwachen! Wir sind im 21. Jahrhundert! Doch die meisten Unternehmen werben noch wie gestern. Hören Sie auf damit! Denn die klassische Werbung steckt in der Sackgasse. Meistens nutzlos. Immer zu teuer. Schafft keine Kaufanreize, sondern bringt die Kunden zum Abschalten.

Doch es gibt Hoffnung! Werden Sie Marketeaser! Marketeaser setzen nicht auf die althergebrachte Langeweile, sondern auf Verblüffung, Spaß und höchste Effizienz. Marketeaser haben den Erfolg auf ihrer Seite. Sie kommunizieren auf direkte und unverfälschte Art mit und für ihre Kunden. Und wecken ein Gefühl, das es schon lange nicht mehr gab: Begeisterung.

Marketeaser verstehen ihr Handwerk. Weil sie ihr Know-how von den besten Werbeprofis der Welt gelernt haben: von den mutigen Schlauchbootaktivisten bei Greenpeace, cleveren Popstars wie Madonna, erfolgreichen Unternehmen wie Google oder der linken Spaß-Guerilla rund um Fritz Teufel. Marketeaser beherrschen die neuen Medien, integrieren ihre Kunden in den Kommunikationsprozess und können ihre Maßnahmen perfekt verzahnen.

Seit dem Erscheinen der 1. Auflage von Marketeasing hat sich jede Menge getan. Überall sind Marketeaser-Ideen und -Methoden angewandt worden. Smarte Unternehmen, kleine Agenturen, spleenige Einzelgänger entdeckten die neue Art zu werben als Erste. Aber auch in einigen Großkonzernen regt sich was. Sie alle wissen: Die nächsten Jahre regieren am Markt die Kunden.

Dröge Unterbrecherwerbung ist am Ende. Anziehend muss Werbung sein! Aus der Marketingkommunikation, die sich jedem laut, ungefragt und massenhaft in den Weg stellt, muss etwas anderes werden: Marketeasing.

Vor 4 Jahren haben wir damit begonnen. Jetzt geht es unaufhaltsam weiter.

Für diese 2. Auflage habe ich das Buch behutsam auf einen neuen Stand gebracht – und statt einiger zurückliegender Beispiele ein paar neuere eingefügt. Sie alle zeigen: der neue Ideenansatz funktioniert in der Praxis ausgesprochen gut.

Schlier im Februar 2010

Bernd Röthlingshöfer

Inhaltsverzeichnis

◆

1.
Alles wird anders

◆

In diesem Kapitel erfahren Sie unter anderem:

Warum klassische Werbung ein Auslaufmodell ist.
Vor welchen Fehlschlüssen Sie sich hüten sollten.
Wo die wahren Ursachen für die Werbekrise liegen.
Welchen Ausweg es gibt.

Klassische Werbung wirkt nicht mehr

Werbung kommt nicht an

Überlegen Sie, welche Werbebotschaft Sie heute erreicht hat. Denken Sie kurz nach. Denken Sie länger nach. Denken Sie so lange nach wie Sie wollen. Wahrscheinlich fällt Ihnen nichts ein. Den meisten Leuten fällt auf diese Frage nichts ein.

Jeden Tag werden wir mit mehreren tausend Werbebotschaften konfrontiert. Jeder von uns. Auch Sie. Und Sie können sich an keine einzige davon erinnern? Ich glaube nicht, dass Sie ein schlechtes Gedächtnis haben. Sie haben einfach keine einzige dieser Botschaften wahrgenommen. All diese Botschaften sind Ihnen begegnet – auf dem Weg zur Arbeit, an der Bushaltestelle oder am Flughafen, im Büro, beim Aufschlagen der Tageszeitung, bei der Lektüre Ihrer Fachzeitschrift, auf der Heimfahrt, beim Fernsehen, im Fitnessstudio, in Ihrer Lieblingskneipe. Und Sie haben nichts bemerkt. Keine der Werbebotschaften ist bei Ihnen angekommen. Und das ist das Problem der Werbung, wie wir sie heute kennen.

Botschaften, die keiner wahrnimmt

Werbung kommt nicht an. Schlimmer noch: Bei den wenigen, bei denen sie noch durchdringt, nervt sie einfach.

Werbung nervt

Wenn Sie wissen wollen wie sehr, gehen Sie mal ins Kino. Ein Ort, den viele Werber mit hochrotem Kopf verlassen müssten. Werbung wird beschimpft, ausgebuht, ausgelacht. Am meisten wird sie aber inzwischen ignoriert. Viele Kinobesucher versuchen erst zum Hauptfilm ins Kino zu gehen. Sie kommen mit Absicht später, drücken sich auf dem Gang herum – nur um die Werbung im Kino nicht ertragen zu müssen. In den USA haben große Verleiher eine Initiative gestartet, um Kinobetreiber zum Verzicht auf Werbung zu bewegen. Warum soll man sich ein gutes Produkt wie einen großartigen Kinofilm kaputt machen lassen, indem man die Leute mit einem Ärgernis auf ihn einstimmt?

Private TV-Sender in Deutschland haben sehr viel dazu beigetragen, dass Werbung nervt. Eine ganze Generation von sportbegeisterten Zuschauern, die Tennisübertragungen, Boxen oder Skispringen sehen wollte, wurde in den letzten beiden Jahrzehnten damit genervt, dass die Unterbrechungen immer häufiger wurden.

Auch die ständige Unterbrechung von besonders attraktiven Spielfilmen mit Werbung ist ein Ärgernis. Die Häufigkeit oder Dauer der Werbeunterbrechungen wird zwar vom Rundfunkstaatsvertrag so geregelt, dass ein Film von 90 Minuten Sendelänge zweimal unterbrochen werden darf, ein Film von 110 Minuten dreimal; der Sender verlängert die 90 Minuten Sendedauer jedoch einfach, indem er nach jeder Werbeunterbrechung den Film um ein paar Szenen zurückspult. Schon wird die Sendezeit länger und ein dritter Werbeblock möglich.

Bereits im Jahre 2002 untersuchte das Bielefelder Marktforschungs-Institut TNS Emnid die Akzeptanz von Werbung mithilfe einer Befragung von rund 2.000 Bundesbürgern. Das Ergebnis: Immer mehr Fernsehzuschauer, Radiohörer, Internetuser, Zeitungs- und Zeitschriftenleser versuchen der Werbung auszuweichen. Nur jeder Zwölfte verfolgt Werbeunterbrechungen im TV mit der gleichen Aufmerksamkeit wie das Programm. Alle anderen verlassen den Raum, zappen sich durch die diversen Programme oder beschäftigen sich nebenher mit anderen Dingen.

Versuche, der Werbung auszuweichen

Werbeunterbrechungen im TV verstehen mittlerweile fast ein Fünftel der Zuschauer als Fernsehpause. Innerlich abschalten tun auch Radiohörer, wenn das Werbeprogramm beginnt. Und was Werbung in Zeitungen und Zeitschriften angeht, so sagen nur 5,1 % der Bevölkerung, dass sie die Anzeigen wie das redaktionelle Angebot nutzen würden.

Ich weiß nicht, ob es eine Untersuchung gibt, wie viele der Briefkästen in Deutschland den Aufkleber „Bitte keine Werbung einwerfen" tragen. Prospektverteiler wissen, es sind sehr viele. In vielen Mehrfamilienhäusern und Straßenzügen überwiegt die Zahl derer, die von Werbung im Briefkasten nicht belästigt werden möchten. Der Unternehmer Robert Basic machte einmal den Selbsttest und verteilte Flyer höchstpersönlich. Er fand kaum Briefkästen, in die er seine Flyer werfen konnte. Denn Werbung abzulehnen, wirkt ansteckend. Meist waren mindestens die Hälfte aller Briefkästen – oder gar neun von zehn – mit den Aufklebern versehen.

„... Witzig war gestern, dass ich bei ca. 600 verteilten Flyern nur einen Briefkasten vorgefunden hatte, der als einziger ‚Ja, bitte Werbung' drauf hatte." *(http://www.m-e-x.de/blog/index.php/archives/2005/02/08/flyerverteilung)*

Werbung ist realitätsfremd

Bis in die 60er-Jahre galt als Grundlage aller Werbebotschaften der Glaubensgrundsatz, dass ein Produkt ein Alleinstellungsmerkmal brauche: die „Unique Selling Proposition". Eine Produkteigenschaft, die ein einzigartiges Verkaufsargument darstellen soll. Ein Werbeansatz, der zwar das Produkt in den Vordergrund stellte, aber in seinem Bemühen um Originalität schon damals seltsame Blüten trug. Während die einen vorgaben weißer als weiß zu waschen, prahlten andere mit der Riesenwaschkraft. Denn leider gab es nicht so viele Produkte mit herausragenden Eigenschaften. Also erfanden die Werber ein neues Konzept. Aus der „Unique Selling Proposition" wurde die „Unique Advertising Proposition". Von nun an war es nicht mehr an den Produkten, sich zu unterscheiden. Es genügte, wenn sich die Werbung von der des Wettbewerbers unterschied. Das war der Startschuss, die Kreativität der Werber zu entfesseln. Die goldenen Jahre der Werbung begannen, denn sie hatten ihr Lieblingskonzept erfunden: die Lifestyle-Werbung, mit der die Gefühlswelt der Verbraucher angesprochen werden sollte. Die Werbung erschuf sich und den Konsumenten künstliche Paradiese wie die „Bounty Insel", weltfremde Identifikationsfiguren wie den „Marlboro Cowboy" oder das sich nach Alkoholgenuss einstellende „Bacardi Feeling". Es entstanden künstliche Marken, die eine Herkunftswelt aus Zypressen, Olivenhainen und Vespa fahrenden Süditalienern vorgaukeln sollten, obwohl die Produkte in Berliner Hinterhöfen („Alfredo Pizza") oder der fränkischen Provinz („Angelo Litrico") hergestellt wurden. Ganz klar: Die Werber hatten die Flucht in Scheinwelten angetreten. Doch die Verbraucher folgten ihnen nicht dahin.

Werber lieben Lifestyle-Werbung

So nicht. Die Ursachenforscher auf dem Holzweg

Natürlich blieben niemandem in der Werbeindustrie die oben beschriebenen Probleme verborgen. Den Werbeleuten war klar, dass sie gegen diese Tendenz reagieren mussten. Und sie reagierten darauf. Leider mit den falschen Mitteln. Denn in der Folge wurde alles noch viel schlimmer. Und so tappten die Werber reihenweise in die folgenden Fallen.

Trugschluss 1: Die Kreativitätsfalle

Als hätten die Werber mit ihrem Lifestyle-Eskapismus in künstliche Welten nicht schon genug Relativitätsverleugnung betrieben, nein, sie sind auch noch in die Kreativitätsfalle getappt. Ihre These: Wenn eine Werbung nicht funktioniert, dann war sie einfach nicht kreativ genug. Sie können die These bis heute lesen und hören. Aber am liebsten rufen die Werbeleute sich diese These selber zu. Sie veranstalten Festivals und Wettbewerbe – es sind allein in den deutschsprachigen Ländern mehrere hundert Veranstaltungen jährlich, bei denen Preise für kreative Werbung verliehen werden. Nicht für Werbung, die verkauft, sondern die amüsiert, wohlgemerkt. Und in den Jurys sitzen fast ausschließlich Werbeleute oder andere Berufsgruppen, die mit der Werbung ihr Geld verdienen. Publikumspreise sind in der Werbung verpönt.

Werbeleute feiern sich selbst

Die Werbeleute, die unter sich bleiben, feiern vor allem eine Kunstfertigkeit, die darauf beruht, wer denn die vermeintlich witzigste, schönste oder originellste Anzeige oder den tollsten Werbespot abgeliefert hat. Um einen Preis zu gewinnen, nehmen die Kreativitätsjunkies einiges in Kauf: Sie fertigen Anzeigen oder Kinospots eigens für den Wettbewerb, schalten Anzeigen auf eigenen Kosten, bezahlen horrende Teilnahmegebühren oder finanzieren kollektive Selbstdarstellungsprojekte wie das Jahrbuch der Werbung.

Kreativität als Selbstzweck also. Wie konnte es so weit kommen? Vermutlich ist der Glaube an die alte M.A.Y.A.-Regel schuld daran. Diese M.A.Y.A.-Regel besagt folgendes: Damit Werbung auffällt, muss sie Neues bieten. Allerdings darf sie dabei gerade mal so weit gehen, dass dieses Neue nicht unverständlich wird. M.A.Y.A. = most advanced yet acceptable. Natürlich weiß niemand, wo die Grenze des Zumutbaren liegt. Im Bemühen diese feine Trennlinie zu finden, wird sie mit brachialer Kreativität meistens überschritten. Im Ergebnis gilt für viele besonders kreative Kampagnen eher dass sie M.A.N.A. sind – most advanced not acceptable.

Trugschluss 2: Die Erhöhung der Dosis

Werber sind nicht zimperlich, wenn es darum geht, die Verbraucher mit Werbebotschaften zu überschütten. Sie reden davon, dass Botschaften penetriert werden müssen. Klingt nicht nur unanständig, ist es auch.

Es führt dazu, dass die Konsumenten mit Werbung regelrecht überflutet werden. Am liebsten sind den Werbeleuten wehrlose Verbraucher an Plätzen, an denen sie nicht entkommen können.

So überfällt uns Werbung immer häufiger an Orten, an denen man sie am wenigsten erwartetet hätte. Beinahe täglich kommen neue Ideen auf den Werbemarkt, wie man selbst das stille Örtchen mit Werbung bepflastern könnte. Am harmlosesten sind da noch die Plakate, die an der Klotür kleben; am teuersten LCD-Screens, denen Männer beim Verrichten des stehenden Geschäfts ins Auge blicken müssen. Andere machen sich Gedanken, wie der Harnstrahl in ihre Werbebotschaft einfließen könnte. Da kann man Kugeln in kleine Tore treiben oder durchs warme Urinieren Werbebotschaften auf thermosensiblen Pissoireinsätzen enthüllen.

Werbung überdeckt den Inhalt

Im Internet werden die Methoden auch immer dreister. Nachdem sich bis in die letzte Agenturstube herumgesprochen hatte, dass Surfer Werbebanner, die rings um die besuchte Webseite platziert waren, einfach nicht wahrgenommen haben (ein als „Banner-Blindness" beschriebener Effekt), legten sie ihre Werbung einfach über den Inhalt, den man eigentlich lesen wollte. Den Knopf zum Wegklicken dieser störenden „Layer-Werbung" versteckten sie nahezu unsichtbar und reduzierten die klickbare Fläche soweit, dass sogar Wegklickversuche scheiterten und man stattdessen zu einer Werbeseite geführt wurde. Natürlich erhöhte dies die Zahl der Werbeaufrufe, auch wenn sie versehentlich geschahen. Vermutlich wurden die derart erzwungenen Besuche von den Werbeleuten als Erfolg gefeiert.

Wir bräuchten nur genügend Werbedruck, meinen die Werber, und alles sei dann wieder im Lot. Werbung, die als lästige Unterbrecherwerbung daherkommt, die tagaus tagein dieselben Spots herunternudelt oder die uns ungefragt Mailings ins Haus schickt, will Druck machen. Werber, die keinen Weg mehr wissen, schrecken nicht vor der vorübergehenden Beschlagnahmung des öffentlichen Raumes oder kultureller Symbole zurück. Mehrere Wochen lang war das Brandenburger Tor mit Wahlwerbung der CDU verhüllt. Unsensibel oder Umweltverschmutzung? Jedenfalls gibt es weltweit bereits einige Städte, die dagegensetzen. Die Stadtoberen von Sao Paulo verbieten einfach jegliche Außenwerbung im Stadtgebiet.

Warum wissen es die Werber nicht besser? Weil sie meinen, Werbung funktioniere ausschließlich nach dem Push-Prinzip. Drücke sie dem Kunden solange aufs Auge, bis er sie wahrnimmt.

Trugschluss 3: Der Aufmerksamkeitsfetisch

Sicher kennen Sie die berühmteste Formel der Werbewelt – die A.I.D.A-Formel. Sie geht davon aus, dass man erst die Aufmerksamkeit des Verbrauchers gewinnen muss, dann sein Interesse, um einen Kaufwunsch auszulösen, der dann auch umgesetzt wird. Jahrzehntelang haben Millionen von Werbeleuten diese These nicht bezweifelt. Sie sind in die Aufmerksamkeitsfalle getappt. Sie meinten, Werbung sei Krieg um die Aufmerksamkeit des Verbrauchers. Krieg um die Augäpfel nannte es einer. Leider verrät die Formel nichts darüber, wie man diese Aufmerksamkeit bekommt. Und wie wir schon gesehen haben, hatten die Werber im Krieg um die Augäpfel schon einiges probiert. Sie wurden kreativer, nervten ihr Publikum an jeder Ecke und machten ihre Spots immer gewagter.

Allerdings gucken immer weniger Leute hin. Egal wie schrill sie die Botschaften machen, das menschliche Gehirn besitzt die Fähigkeit, Werbung an Plakatwänden und in Tageszeitungen – und im Internet Werbebanner – auszublenden. Manche Werbeleute trösten ihre Auftraggeber mit dem Hinweis, das Ganze würde zwar nicht registriert, aber dennoch unterbewusst wirken. Aha.

Auch Schrilles wird ausgeblendet

Ja, die Old School-Werber sind bis heute damit zufrieden, Experten für die Erzielung von Aufmerksamkeit zu sein. Aus diesem Grund seilen sie Richard Branson nackt von einem Hochhaus ab oder drehen TV-Spots, in denen Hauskatzen vom Schiebedach eines Kleinwagens erdrosselt werden. Guckt ja sonst keiner. Dabei tun sie ihre Arbeit nur halb. In etwa so halb wie ein Notarzt, der einen Schwerverletzten zwar mit dem Elektroschocker wieder belebt, ihn aber dann verbluten lässt. Ein Werber, der keine Kunden gewinnen will, sondern nur ihre Augäpfel, macht halbe Sachen. Feuern Sie ihn!

Trugschluss 4: Die Zielgruppendenke

Keines der Werbeparadigmen ging wahrscheinlich gründlicher daneben als die Zielgruppendenke. Das Zielgruppenmodell, das noch heute überall in den Anfangssemestern gelehrt wird, schafft eine Legende, die gar nicht stimmt: Verbraucher ließen sich nach gewissen soziodemografischen Kriterien einteilen und ihre Kaufbereitschaft sich derart vorhersagen. Viele Fachleute haben dieses Modell schon längst entlarvt. Aber es überlebt noch bis heute. Wieso? Weil Medien und Werbeagenturen hier Hand in Hand arbeiten müssen, um Umsätze zu generieren. Institutionen wie die GfK, die Informationsgesellschaft zur Feststellung der Verbreitung von Werbeträgern und die Arbeitsgemeinschaft Media Analyse produzieren einen fetten Wust von Daten, durch die sich eine Hand voll Werbe- oder Mediaagenturen wühlen, um dem Kunden die Illusion einer Zielgruppe zu präsentieren und Medien aufzuzeigen, die diese angeblich erreichen.

Nichtssagende Zielgruppendaten

Was ist an Zielgruppen falsch? Alles. Zielgruppen werden nach soziodemografischen Daten definiert. Viel mehr als Alter, Einkommen und Bildung steht da an Auskünften nicht zur Verfügung. Tim Renner, der ehemalige Deutschlandchef des Plattenlabels Universal, schreibt dazu:

> „Die Mediaagenturen sind dazu verdammt, mit der falschen Währung zu arbeiten. Reichweiten und Tausend-Kontakt-Preise versteht man zwar in allen Firmenzentralen als Ausdruck der Effizienz einer Kampagne, mit der Wirklichkeit von Werbung haben sie aber immer weniger zu tun. ... Was den Konsumenten tatsächlich ausmacht, definiert sich aber spätestens seit der zweiten Hälfte des letzten Jahrhunderts zunehmend weniger durch Zugehörigkeit zu einer sozialen Gruppe oder Bildungsschicht. Wenn aus Taxifahrern Minister werden können, können wohl Minister als auch Taxifahrer in derselben Zielgruppe sein, weil sie sich über die gleichen kulturellen oder politischen Werte sozialisiert haben." *(Renner: Kinder, der Tod ist gar nicht so schlimm, S. 213)*

Den typischen BMW Fahrer, den Biofreak, den Snowboarder gibt es nicht! Nur in den Modellen der Old School-Werbeplaner. Dennoch haben vor allem die Massenmedien solche Zielgruppenanalysen nach Kräften gefördert. Nur, um den Kontrollfreaks unter den Werbeleuten und Auftraggebern weiszumachen, sie wären das ideale Medium, die definierte Zielgruppe zu erreichen.

Die wahren Ursachen

Marken sind auch nicht mehr das, was sie einmal waren

Als im ausgehenden 19. Jahrhundert die große Blütezeit der Marken einsetzte, gaben sie ein glaubwürdiges Qualitätsversprechen ab, das dem Verbraucher garantierte, dass Waren und Dienstleistungen mit einem bestimmten Namen oder Signet eine definierte Qualität aufwiesen, die sie von loser – oder neutral verpackter – Ware unterschied. Die Marke, die anders aussah, unterschied sich von Nonames oder anderen Produkten. Heute werden sich die Produkte immer ähnlicher. Unterscheidungsmerkmale der Marken untereinander sind oftmals vom Laien nicht zu entdecken, oder sie sind für eine Kaufentscheidung nicht relevant. Wenn Sie einen funktionstüchtigen DVD-Player kaufen möchten, der mit zwei Jahren Garantie ausgestattet ist, brauchen Sie nicht mal zu einer der bekannten Marken greifen. Es reicht, wenn Sie den Gang zum Discounter antreten. Dabei treten die einstmals Nonames genannten Discountartikel heute ebenfalls als Marken an. Die Einkäufer der großen Discounter, Supermärkte oder Warenhäuser haben ihre Lieferanten darauf getrimmt, in Verpackung, Ausstattung, Design das Gleiche zu leisten wie die vermeintlichen Markenvorbilder. Zu jeder Marke gibt es eine Alternative, und das Verrückte daran ist, dass diese Alternative häufig vom Markenhersteller selber stammt.

Nonames sind heute auch Marken

Viel Spaß mit 200 TV-Kanälen

Die Ausstrahlung eines Werbespots ist eine geniale Sache, wenn es ein oder zwei Kanäle des Staatsfernsehens gibt. Nicht aber, wenn dutzende privat finanzierter TV-Stationen existieren, die sich alle durch Werbung refinanzieren müssen. Klar, dass bei einem Überangebot an Medien nicht unbedingt der Medienkonsum steigt. Die TV-Zuschauer zappen einfach mehr. Um mit einem TV-Spot heute in etwa die gleiche Aufmerksamkeit zu erzielen wie vor 20 Jahren, müsste man 10–20 mal mehr Geld ausgeben. Fraglich bleibt, ob die Marktforschung, die die Daten über die Sehbeteiligung liefert, überhaupt Zuschauer zählt oder lediglich eingeschaltete TV-Geräte. Als ob das nicht alles schlimm genug wäre, kam zu den ins Kraut geschossenen TV-Stationen und Radiosendern dann noch die Entdeckung des Internets dazu. Die Aufmerksamkeit der Konsumenten verteilt sich über dutzende oder gar hunderte von Kanälen. Ein Werbekonzept, das darauf setzt, vor allem über die üblichen klassischen Wege (TV, Zeitschriften, Funk) Botschaften an den Kunden zu übermitteln, hat es immer schwerer, überhaupt ein Medium herauszukristallisieren, von dem es mit Sicherheit weiß, dass die Umworbenen es auch tatsächlich nutzen.

Vielleicht meinen Sie jetzt, dieses Problem beträfe Sie gar nicht. Sie hatten ohnehin nicht vor, im TV zu werben. Das Problem betrifft dennoch jeden. Denn neben den 200 TV-Kanälen gibt es nun auch das unwiderstehliche Angebot des Internets, bestehend aus mehreren Milliarden Internetseiten.

Werbung leidet unter Wear-out

Was die Werber wahrscheinlich nicht zugeben: Nach rund 100 Jahren der Benutzung leiden die Werbemechanismen und Medien unter einem Wear-out-Effekt. Sie sind abgetragen und abgenutzt. Höchste Zeit, neue Wege zu gehen.

Bekannt ist dies alles nicht erst seit gestern. Gerade große Kampagnen mit riesigen Budgets sind in den letzten Jahren immer wieder grandios gescheitert. 1995 versuchte der koreanische Autohersteller Daewoo seine Marke bekannt zu machen. Er brachte den Deutschen in TV-Spots mit einem Kussmund bei, wie der Name auszusprechen sei, klebte Plakate an beinahe jede Hausecke und lud zu kostenlosen Probefahrten ein. Innerhalb weniger Monate investierten sie 30 Millionen DM. Ein Geld, das sinnlos verpulvert wurde. Denn die Kunden standen trotz aller Werbeinvestitionen nicht bei den wenigen Daewoo Händlern Schlange. Heute ist nicht nur die Kampagne, die damals aus allen Rohren schoss, vergessen, sondern der Name Daewoo gleich mit. Wie der Automobilexperte Prof. Ferdinand Dudenhöffer schreibt, lag der Marktanteil von Daewoo drei Jahre nach der Werbeschlacht bei mageren 0,5 %. *(Ferdinand Dudenhöffer, Abschied vom Massenmarketing, S. 63)*

Millionengrab für Autowerbung

Zu den größten Flops darf sich auch der Stromriese Eon zählen. Der hatte mit seiner „Mix-it-Kampagne" sogar das österreichisch-kalifornische Muskelpaket Arnold Schwarzenegger Kühlschränke schütteln lassen und wie Daewoo auf die Mischung Plakate und TV-Spots gesetzt. Nach rund einem halben Jahr wurde das Ergebnis der Bemühungen bekannt. Eon war um 22 Millionen Euro erleichtert und hatte ganze 1.100 Neukunden gewonnen. Jeder einzelne Kunde hatte demnach 20.000 Euro gekostet. Findige Journalisten rechneten dem Unternehmen schnell vor, dass sie jeden dieser Neukunden 1.291 Jahre lang mit Strom versorgen müssten, bevor sie anfangen können, einen Cent an ihnen zu verdienen.

Der Markt wird zum Käufermarkt

Nicht mehr die Anbieter haben auf dem Markt das Sagen, sondern die Abnehmer. In den Nachkriegsjahren und in denen der einstigen DDR war dies noch anders. Da kauften die Kunden, was gerade neu auf den Markt kam oder irgendwie zu bekommen war, wenn man es sich leisten konnte. Bis vor kurzem sah es so aus, als hätte der Handel das Heft in der Hand. In nahezu allen Branchen wurden die Händler die mächtigsten Regulierer am Markt. Sie bestimmten was und zu welchen Preisen in die Regale kam. Sie entwickelten Nonames und Eigenmarken und fegten viele Herstellermarken vom Platz. Doch das war einmal.

Heute ist die Machtverschiebung von der Angebots- auf die Nachfrageseite in vollem Gange. Der Kunde hat das Sagen. Überkapazitäten auf der Anbieterseite und der größer werdende Wettbewerb aufgrund der Globalisierung erzeugen einen gewaltigen Druck auf die Unternehmen, sich um Kunden zu bemühen. Klassische Strukturen, die früher bestimmten, wo etwas gekauft wird, haben sich in den letzten Jahren so gut wie völlig aufgelöst. Heute können Sie nahezu alles überall kaufen. Duftende Brötchen an der Tankstelle, beim Zeitungskiosk, im Baumarkt oder Möbelcenter. Fahrräder, PCs, Gartengeräte oder Berufskleidung bei Aldi. Mithilfe von Preisvergleichsseiten oder der Nutzung von Foren drücken die Verbraucher die Preise noch weiter – wo was am billigsten ist oder welches Produkt am besten ist, verbreitet sich in Windeseile übers Netz. Jetzt stehen nicht nur die Hersteller, sondern auch die Händler unter dem Druck der Verbraucher.

Alles ist überall erhältlich

Der Autor Elliot Ettenberg zitiert in seinem Buch „Überleben im Käufer-Markt von morgen" eine Studie, nach der amerikanische Unternehmen mittlerweile durchschnittlich alle fünf Jahre die Hälfte aller Kunden verlieren. Dabei ist das nur der Durchschnitt. Viele Unternehmen sind schlechter dran.

Die wachstumshungrigen Hersteller und Händler auf der Anbieterseite sehen sich zudem in Deutschland und vielen westlichen Industrieländern einer schrumpfenden Nachfrage gegenüber. Es ist nicht allein die Tatsache, dass nach und nach die Mittelschicht zugrunde geht. Es ist die unumstößliche Tatsache, dass die Bevölkerung in den westlichen Industrieländern schrumpft.

Geist ist geil

Seitdem es den Spruch „Geiz ist geil" gibt, wird das Gejammer über die knauserigen Verbraucher immer größer. Demzufolge werden viele Ausführungen zur Discount- und Schnäppchen-Mentalität der Verbraucher oder die vermeintliche „Aldisierung" der Gesellschaft immer mit „Geiz" in Verbindung gebracht. Aber je öfter Sie diesen Spruch wiederkäuen, desto länger verstellen Sie sich selbst den Blick auf die Wirklichkeit. Nicht, weil Geiz so ein tolles Gefühl ist, geben die Verbraucher weniger aus. Sie tun es, weil die Schnäppchen überall verfügbar sind. Es wäre doch schlichtweg ökonomisch doof, die preiswerten Angebote bei Aldi auszuschlagen. Und doof sind die Verbraucher nun mal nicht. Im Gegenteil. Sie zeigen durch ihr Einkaufsverhalten, welche Dinge ihnen etwas wert sind und welche nicht. So beklagt sich der Einzelhandelsverband völlig zu Recht: Die Leute geben ihr Geld mehr für Urlaub, Reisen oder Freizeit aus als für Waren des täglichen Bedarfs, Konsum- oder Luxusgüter. Warum wohl? Weil sie keine Produkte suchen, sondern Erlebnisse.

Der Verbraucher ist tatsächlich nicht doof

Nichts ändert sich, wenn Sie sich nicht ändern

Der Ausweg: Werden Sie Marketeaser

Die neuen Methoden auf sich aufmerksam zu machen, haben kaum mehr was mit denen der Old School-Werbung zu tun. Selbst die renommierte Fachzeitschrift „Advertising Age" sinnierte unlängst darüber, ob sie das Wort „Advertising" nicht aus ihrem Namen streichen müsse, angesichts der gewaltigen Umbrüche, die sich im Werbeland der einstigen Riesenwaschkraft abspielen.

Die neuen Werbemethoden sind nicht etwa in den schicken Jugendstilvillen oder verglasten Businesstürmen entstanden, in denen erfolgreiche Werber gerne residieren. Sie haben sich nach und nach entwickelt. Und entstanden sind sie auf der Straße. Es sind die Methoden, die jene einsetzen mussten, die kein Geld hatten, um Medien zu bezahlen; die auf keine Designschule gingen, aber genügend Wut im Bauch hatten, um etwas zu verändern. Fritz Teufel und die Spaß-Guerillas, die Anti-Akw-Bewegung, Greenpeace und Robin Wood, die Bürgerinitiative gegen eine x-beliebige Bundesstraße, der Protest gegen Tierversuche oder die Revolution in der Ukraine waren Schauplätze der neuen Werbung. In diesem Umfeld sind die Kampagnen entstanden, die geeignet sind, Massen zu erreichen, Menschen zu begeistern und tief greifende Veränderungen auszulösen. Denn Marketeaser, die so ihre Kampagnen machten, hatten kaum Budget in der Tasche. Ihr Glück. Dafür erfanden sie ein Instrumentarium, das mehr bewegen kann, als den Absatz eines Schokoriegels stabil zu halten.

Popstars wie Madonna, Schlagerfuzzis wie Jürgen Drews, Dauerdarsteller wie Dieter Bohlen, Buchautorin J. K. Rowling oder Unternehmer wie Richard Branson, Michael O. Leary und Anita Roddick vom Bodyshop tauchen in der Geschichte der Marketeaser auf.

Die ersten Marketeaser waren so was wie bunte Hunde. Schillernde Unternehmerpersönlichkeiten, die scheinbar 24 Stunden für die Inszenierung ihrer Marke, ihres Unternehmens lebten und dabei die Selbstinszenierung ihrer Person untrennbar mit dem Geschäft verbunden haben.

Ein bunter Hund sein

Was, wenn Sie nicht dieser bunte Hund sind? Wenn es Ihnen peinlich ist, in Spitztüten-BHs oder entblößt bis auf die Knochen fotografiert zu werden? Was, wenn es Ihnen zu doof ist, als König von Mallorca mit einer Goldkrone zum Termin zu fahren? Und wenn Sie eine simple Höhenangst daran hindert, in einer fleischfarbenen Unterhose von einem Helikopter über New York City abgeseilt zu werden?

Keine Bange. Es geht auch anders. Denn die Methoden der Marketeaser können Sie auch bei höheren Schamschwellen nutzen. Ja, die sind trickreich, frech und manchmal ein bisschen subversiv. Aber sie wirken. Und sie machen den Konsumenten Spaß. Kann man das von Ihrer jetzigen Werbung behaupten? Marketeaser-Ideen und -Aktionen sind selten leise, meist sympathisch und oftmals spektakulär. Kein Wunder, dass sie ansteckend wirken.

Respekt vor den Umworbenen

Marketeaser ist kein Lernberuf und nichts, was man sich studienhalber aneignen kann. Marketeaser wird man durch die knallharte Praxis. Deshalb ist in diesem Buch wenig von Theorie und sehr viel von Praxis die Rede. Deshalb dienen Popstars und Politclowns, clevere Einzelhändler oder spleenige Einzelgänger mindestens ebenso häufig als Beispiel wie große Marken oder etablierte Agenturen.

Gemeinsam ist all diesen Marketeasern, erkannt zu haben, dass man mit den alten Werbemethoden heute nicht mehr durchkommt. Statt Typoschick, Design-Glamour oder Coolness-Mania zählen unter Marketeasern andere Werte: der Respekt vor den Umworbenen, die Freude mit Gleichgesinnten gemeinsame Erlebnisse zu schaffen und das Wissen, dass nur der überlebt, der die Spaltung zwischen Werber und Umworbenem aufhebt. Marketeaser denken und handeln vernetzt. Marketeaser als Unternehmer handeln nicht gegen, sondern für und mit ihren Kunden. Und die besten Marketeaser wecken in ihren Kunden Leidenschaften, die sie selbst in sich tragen.

Marketeaser gegen Old School-Werbung. Was Sie alles anders machen müssen

Pull statt Push

Hören Sie auf, Werbung dort zu platzieren wo kein Mensch sie haben will. Verabschieden Sie sich von dem Prinzip, die Leute vor dem Kinofilm, während des TV-Films oder bei der Lektüre ihrer Tageszeitung mit Werbung zu unterbrechen. Erstens ist es sauteuer, zweitens sehen es zu wenige Menschen und drittens: Das schlechte Image, das Werbung und Werbeleute haben, rührt einzig und allein daher, dass sie ungefragt und in den unpassendsten Momenten ins Haus platzen. Vergessen Sie das Push-Prinzip. Werfen Sie keine unerwünschten Postwurfsendungen in den Briefkasten, nehmen Sie von nicht erwünschten Direkt-Mailings Abstand und halten Sie sich an die gesetzliche Regelung, keinen E-Mail-Spam zu versenden. Wenn Sie nur im Entferntesten daran gedacht haben, eines dieser lästigen Pop-up-Werbebanner, das die Inhalte einer Webesite überlagert, einzusetzen, wünsche ich Ihnen in der Werberhölle zu schmoren.

Das Push-Prinzip vergessen

Machen Sie stattdessen Ihr Produkt, Ihre Dienstleistung, Ihren Laden, Ihre Website und Ihre Kommunikationsangebote so attraktiv, dass Menschen angezogen werden. Nutzen Sie das Pull-Prinzip. Sagen Sie nicht, wie soll das gehen? Millionen Websites haben keine andere Möglichkeit als gefunden zu werden – durch attraktive Inhalte, die aktiv aufgesucht werden. Jammern Sie auch nicht über die Kaufunlust des Verbrauchers. Einkaufen macht Spaß. Auch wenn der Geldbeutel schmäler geworden ist, bleibt Shoppen ein Erlebnis. Außer, Sie haben kein Erlebnis zu bieten. Wenn Sie das Pull-Prinzip nutzen, werden Sie auf allen Gebieten Ihres Unternehmens anziehender.

Marketeaser-Grundsatz: Keine Werbung ohne Erlaubnis

Das absolut Nervigste ist, wenn man von Werbung belästigt wird. Millionen Deutsche haben sich daher in die Robinsonliste eingetragen und wollen keine Werbung erhalten. Eine weitaus größere Zahl wehrt sich dagegen: mit Aufklebern an ihrem Briefkasten. Inzwischen hat der Gesetzgeber das unerbetene Zusenden von E-Mails (Spam) und ungebetene Anrufe von Callcentern untersagt. Zum Glück. Denn für viele Unternehmer war es in ihren Bemühungen neue Kunden zu gewinnen ganz selbstverständlich, einen Eintrag nach dem anderen in der Datenbank durchzugehen und diese mit Werbeangeboten zu belästigen.

Für Old School-Werber sind die Belästigungsmethoden, solange sie nicht verboten sind, ausdrücklich erlaubt und angeraten. Für einen Marketeaser nicht. Noch in den 50er-Jahren, also bevor die Werbung ihren großen Siegeszug bei uns antrat, galt es für viele Unternehmer als unfein, überhaupt zu werben. Und was erwünschte und unerwünschte Werbemethoden anging, hatten diese Unternehmer noch ein sehr feines Gespür.

Und heute? Seth Godin hat über das Einholen dieser Erlaubnis und die neue Idee der Erlaubnisvermarktung ein ganzes Buch geschrieben. Er stellt darin die Massenwerbung und die Erlaubnisvermarktung gegenüber und vergleicht beide.

Werbung stört nur

Die Massen- oder Unterbrecherwerbung ist nach Godin unerwünscht, unpersönlich, irrelevant. Sie unterbricht Menschen bei ihrem eigentlichen Tun, richtet keine persönlichen Botschaften an sie und ist irrelevant, weil sie mit hoher Wahrscheinlichkeit für den Empfänger nicht von Interesse ist.

Demgegenüber ist die Erlaubniswerbung erwartet, persönlich und relevant. Laut Seth Godin freuen sich die Menschen darauf, die Werbebotschaften zu hören, die für sie persönlich ausgerichtet sind und sich auf Dinge beziehen, die den Empfänger tatsächlich interessieren.

Leider führt das Permission Marketing auch dazu, dass die Erlaubnis dem Kunden abgerungen wird. Wer bestimmte Services nutzen will, oder mit einem Geschenk geködert wird, gibt schon einmal die Zustimmung Werbezusendungen zu akzeptieren. Dabei ist aber unklar, wofür diese Erlaubnis erteilt wurde. Für eine einmalige Zusendung? Aus echtem Interesse an den Informationen des Unternehmens? Oder nur, um das in Aussicht gestellte Geschenk zu erhalten? Leider ist der Widerruf dieser Erlaubnis oftmals weitaus schwerer als die Einwilligung. Kaum jemand kann sich erinnern, wann er wo und wem eine Erlaubnis erteilt hat. Und wie umfangreich diese Erlaubnis ist. Wer Permission Marketing so betreibt, schadet sich damit nur selbst. Seine Datenbanken sind voll von

Menschen, die kein echtes Interesse an den zugesandten Informationen haben. Aus Zeitmangel oder Vergesslichkeit haben sie diese nicht abbestellt, sondern sie werden einfach gelöscht, weggeworfen, ignoriert. So werden Werbebudgets unnötig verpulvert.

Hören Sie auf linear zu denken

Old School-Werber denken linear. Und das gibt ihnen und ihren Auftraggebern Sicherheit.

Daten statt Menschen

Wenn Sie ein Old School-Werber sind und sich in den Kopf gesetzt haben, eine Direktwerbeaktion an 15.000 Empfänger zu starten, wählen Sie diese aus der eigenen Datenbank oder kaufen bzw. mieten 15.000 Adressen für Ihre Werbeaktion an. Ihre Tageszeitung verspricht, dass Sie mit einer Anzeige 60.000 Leser erreichen. Wenn Sie ein größeres Unternehmen führen, nehmen Sie professionelle Mediaberater in Anspruch, die Ihnen exakt ausrechnen, wie viele Menschen aus Ihrer Zielgruppe Sie erreichen. Vielleicht ergibt die Berechnung 10.000? Also kaufen Sie 10.000 Kontakte ein. Sie denken linear. Sie wollen 10.000 Werbekontakte und Sie werden sie bekommen. Dass diese Kontakte in Wahrheit gar keine sind, sondern bestenfalls statistische Durchschnittswerte, die auch nur Kontaktchancen beinhalten, macht das Ganze nur noch schlimmer.

Marketeaser denken „nichtlinear“. Sie setzen auf Multiplikationseffekte. Sie wollen exponentielles Wachstum. Während Old School-Werber einen vollen Boxkampf über 12 Runden gehen und dabei immer mehr Substanz (Budget) verlieren, setzen Marketeaser auf den Lucky Punch: den Schlag, der den Sieg bringt. Im Klartext heißt dies: Marketeaser gestalten ihre Werbebotschaften so, dass sie sich möglichst von selbst verbreiten. Sie setzen auf die wichtigste Kommunikationsstrategie der Welt: die Förderung von Mundpropaganda.

Weg mit dem Zielgruppendenken

Old School-Werber denken in Zielgruppen. Sie erheben und kaufen Daten, sie wälzen sich stundenlang durch Dossiers und sammeln immer neue Daten. Warum? Weil sie der Illusion erlegen sind, dass man Menschen in Zielgruppen einteilen kann. Und weil sie verzweifelt versuchen ihre Zielgruppe zu kennen – der sie meist nicht angehören. So kommt es zu den paradoxen Situationen, dass ein Haufen 60-jähriger Manager versucht, Jugendlichen Schokoriegel zu verkaufen. Oder sich angegraute Herrschaften bemühen, Damenbinden zielgruppengerecht zu positionieren. Selbst wenn sie das Glück haben das Produkt selbst nutzen zu können, sind sie von einer echten Konsumenten- oder Kundenerfahrung meilenweit entfernt. Ein durchschnittlicher Daimler Manager dürfte kaum wissen, wie es sich anfühlt, wenn sein Mercedes zwei bis drei Jahre auf dem Buckel hat. Er stößt ihn ja stets als Jahreswagen wieder ab.

Der Manager, der in der Neuwagenwelt lebt, wird vermutlich nie in einer Gebrauchtwagenbörse suchen oder ein Forum betreten, um dort zu erfahren, welche Themen die Markenkäufer beschäftigen, die ihr Auto mehr als 5 Jahre fahren müssen. Um die Zielgruppe zu kennen, wird lieber ein Wust von Marktforschungsdaten erhoben.

Beziehung, der Anfang von allem

Der häufigste Tipp, um unerwünschte Werbeinhalte oder gar virenverdächtige E-Mails erst gar nicht auf die Festplatte zu lassen, lautet: Vertrauen Sie keiner E-Mail, deren Absender Sie nicht kennen! Das war es dann wohl mit der Gewinnung der Aufmerksamkeit. Denn in den meisten Firmen müssen Sie gar nicht mal nachdenken, ob Sie dem Absender einer E-Mail vertrauen wollen. Die Antispamfilter sorgen dafür, dass die unbekannten Absender draußen bleiben müssen. Wenn Sie nur noch Botschaften an sich heranlassen, die von Bekannten und vertrauenswürdigen Absendern stammen, dann heißt das, dass die A.I.D.A-Formel zu einer C.A.I.D.A-Formel ausgebaut werden muss. Denn vor der Aufmerksamkeit steht die Beziehung: Connection. Ohne eine Beziehung zu dem Überbringer von Botschaften gibt es keine Botschaften mehr. Es sieht so aus, als würden Verbraucher in aller Welt dieses Prinzip massenhaft anwenden. Nicht nur bei der Abwehr unerwünschter E-Mails. Sondern als wirksamen Filter gegen die Informationsüberflutung. „Die Leute vertrauen einem dahergelaufenen Typen in einem Chatroom mehr als unseren Prospekten", jammerte vor kurzem ein Unternehmer. Recht hat er. Heute vertrauen die Leute bei Kaufentscheidungen der Meinung eines Bekannten oder einer Bekanntschaft aus einem Forum, Chatroom oder eine Community. Warum auch nicht? Schließlich gibt es dort die Gelegenheit auf die Erfahrung anderer Leute zu bauen. Und nebenbei gesagt sitzen dort auch immer mehr Experten, die sich auf einen Austausch freuen.

Bekannten vertraut man

A.I.D.A. =
A: Attention – Aufmerksamkeit gewinnen
I: Interest – Interesse wecken
D: Desire – Kaufwunsch erzeugen
A: Action – Kaufakt auslösen

C.A.I.D.A. =
C: Connection –Verbindung knüpfen
A: Attention – Aufmerksamkeit gewinnen
I: Interest – Interesse wecken
D: Desire – Kaufwunsch erzeugen
A: Action – Kaufakt auslösen

Innovationen vom Kunden

Niemand beherzigt diese Erkenntnis schon so wie die Sportartikelhersteller Adidas, Nike und Puma. Sie haben die Beziehung zu Kunden (egal ob Profi- oder Freizeitathleten) so eng geknüpft, dass heutzutage bereits 60% aller Innovationen von den Anwendern kommen. Produkte werden mit ihnen entwickelt und nicht durch breit angelegte Werbekampagnen in den Markt eingeführt, sondern in den jeweiligen Sportszenen getestet. Die großen Sportlabels sind heute am weitesten, was die Anwendung von Marketeaser-Methoden angeht. Aber sie haben diese Lektion auch schmerzhaft gelernt. Wie der amerikanische Marketingexperte Alex Wipperfürth in seinem Buch „Brand Hijack" schreibt, fiel Nike noch im Jahre 1998 bei dem Versuch, Skateboard-Schuhe auf den Markt zu bringen, ganz gewaltig auf die Nase. Denn die Szene der Skateboarder hatte ihre eigenen Modemarken, sie wollten mit einem Mainstream-Label wie Nike in ihrer Szene nichts zu tun haben. Nachdem die erste Welle an TV-Spots gescheitert war – und zwar so gründlich, dass sich das Unternehmen den Hass der Skateboarder zugezogen hatte –, musste Nike den Versuch stoppen. Die darauf folgenden Werbemaßnahmen hatten nicht mehr zum Ziel einen Schuh auf den Markt zu bringen, sie sollten vielmehr versuchen, eine Beziehung zur Szene aufzubauen. Ohne Beziehung kein Markt – so einfach war das. Erst Jahre später gelang dies. Indem man den Herausgeber eines Skateboard-Magazins für die Zusammenarbeit gewann und 2002 die Surf und Skate Company Hurley übernahm.

Der Überbringer ist die Botschaft

Wenn Old School-Werber kommunizierten, haben sie sich ausschließlich darum gekümmert, an den Inhalten dieser Botschaft herumzufeilen. Inhalte sollten aufregend, sexy, spektakulär, überzeugend oder was auch immer sein. Aber Inhalte sind nur die halbe Miete.

Fast so, als hätte es die grundlegenden Untersuchungen von Paul Watzlawick zur Kommunikation nicht gegeben.

Beziehung macht Inhalt

> „Jede Kommunikation hat einen Inhalts- und einen Beziehungsaspekt, derart, dass letzterer den ersteren bestimmt und daher eine Metakommunikation ist." *(Paul Watzlawick)*

Während der inhaltliche Aspekt sozusagen die nackte Information übermittelt, bestimmt der Beziehungsaspekt, wie die Nachricht interpretiert werden kann. Es ist dabei ganz und gar nicht unerheblich, von wem die Nachricht stammt. In der Kommunikationsbranche ist das natürlich längst bekannt. Wie glaubhaft die Aussage „Persil wäscht weiß, weißer geht's nicht" ist, können Sie selbst überprüfen. Je nachdem ob diese:

- in einem Werbespot des Unternehmens auftaucht,
- in einem Zeitungsbericht kommuniziert wird,
- von der Stiftung Warentest veröffentlicht wird,
- als Tipp unter Freunden weitergegeben wird,

werden die Empfänger dieser Nachricht ihr mehr oder weniger Glauben schenken.

Kommunizieren Sie horizontal, nicht vertikal

Old School-Werber haben immer vertikal kommuniziert: sprich, von oben herab. Massenmedien sind nun mal keine Bürgermedien, sondern Instrumente, die der Propaganda, der einseitigen Verlautbarung dienen. Wer von oben herab behandelt wird, fühlt sich automatisch schlechter. Eine Kommunikation, die einen auf den anderen herabblicken lässt, wird auch verhindern, dass Sympathie oder gar Begeisterung entsteht.

Wer horizontal auf gleicher Ebene kommunizieren will, muss die Sprache der Empfänger wählen und ihre Medien einsetzen. Persönliche Gespräche führen, über Blogs, Twitter, Xing oder Facebook kommunizieren, Handys und SMS benutzen.

Das „one to some"-Prinzip der Nachrichtenverbreitung

Marketeaser kommunizieren cleverer

Die Old School-Werber kannten nur zwei „Modelle der Nachrichtenverbreitung": die Kommunikation über Massenmedien („one to many") und das Direkt- oder Dialogmarketing („one to one"). Marketeaser kommunizieren cleverer: Sie benutzen eine dritte Methode, das „one to some"-Prinzip.

„one to many"

Ja, das hat noch gut funktioniert, als es in Deutschland nur einen Fernsehsender gab. Oder zwei. Da konnte man mit der Ausstrahlung eines Werbespots wenigstens sicher sein, viele Menschen zu erreichen. Heute wissen Werbeleute schon gar nicht mehr, welche TV-Kanäle sie buchen sollen, um wenigstens einen Teil der angedachten „Zielgruppe" anzutreffen.

Die „one to many"-Kommunikation hat allerdings drei gravierende Nachteile. Erstens: Sie hat keinen Rückkanal, taugt nur zum Berieseln von Couch-Potatoes und zum Aussenden von Werbebotschaften, die keinen Widerspruch dulden. Der zweite: Die Leute gucken einfach nicht mehr hin. Der dritte: Sie ermöglicht keinen Beziehungsaufbau. Das macht diese Methode nicht gerade zum Mittel der ersten Wahl. Vor allem dann nicht, wenn – wie bei der Old School-Werbung üblich – die Anzeigenplätze und Sendezeiten teuer erkauft werden müssen. Marketeaser nutzen das „one to many"-Prinzip nur dann, wenn sie für die Verbreitung ihrer Botschaften nicht Werbeplätze erkaufen müssen, sondern die Kanäle zur Nachrichtenverbreitung kostenlos nutzen können.

„one to one"

Das persönliche Gespräch ist die intensivste Form der Kommunikation. Die Digitaltechnik macht es möglich, auf massenhafte Weise E-Mails oder Werbebriefe zu versenden, Prospekte zu drucken, die alle eines gemeinsam haben: Sie ermöglichen eine persönliche Kommunikation. Allerdings nur theoretisch, denn in der Praxis ist die „one to one"-Kommunikation nur vorgetäuscht. Außer dem Eindruck einer persönlichen Adresse oder dem Einstreuen der persönlichen Anrede in Massendrucksachen ist diese Dialogkommunikation nicht wirklich an die Person des Umworbenen adressiert.

Wenn ich ein persönliches Gespräch für die beste Möglichkeit halte mit potenziellen Kunden zu reden, dann meine ich wirklich einen Dialog: das Informationsgespräch in Ihrem Hause, ein E-Mail-Dialog, der gewollt wird, eine kompetente Auskunft von der Servicezentrale. Leider versagen Old School-Marketer, wenn sie besonders groß sind, in solchen Momenten recht häufig. Sie haben sich daran gewöhnt, persönliche Dialoge mit Kunden von Callcentern erledigen zu lassen. Ein Unsinn, vor dem nicht die allerkleinsten Dienstleister gefeit sind. Der Inhaber eines Digitaldruckstudios am Bodensee, der den Laden mit seiner Frau schmeißt, erzählte mir recht stolz, dass beide schon Freitagmittag nach Hause gingen. Die Kundenanrufe würde dann ja das Callcenter entgegennehmen.

Callcenter-Wahnsinn

Dabei sind gerade die kleineren Unternehmen im Vorteil. Da, wo der Chef noch selbst mit seinen Kunden reden kann, entfaltet die individuelle Kundenansprache die stärkste Wirkung. Vor einigen Jahren wandte ich diese Methode der individuellen „one to one"-Kommunikation in einem Projekt für den Food-Konzern Kraft Jacobs Suchard an. Es ging um ein Schulungszentrum für Manager, das direkt am Bodensee, mitten in einem ausgewiesenen Naturschutzgebiet, entstehen sollte. Noch vor dem ersten Spatenstich kochte die Gerüchteküche hoch: von wasserskifahrenden Managern und einem Hubschrauberlandeplatz in der sensiblen Flachwasserzone war die Rede. Und die einzige Tageszeitung vor Ort gab die Spekulationen in Artikeln wieder und räumte besorgten Leserbriefen viel Platz ein. Hätten die Manager damals konzern-like agiert, hätten sie mit Gegendarstellungen dagegen gehalten. So empfahl ich ihnen den Konzernhabitus abzulegen und stattdessen, wie jeder gute Nachbar, an den Gartenzaun des neuen Grundstücks zu gehen und sich persönlich mit den Nachbarn zu unterhalten. Es wurde dafür gesorgt, dass die direkten Grundstücksanrainer als erste von den Plänen erfuhren, dann wurden die interessierten Bürger des Dorfes in die heimische Gaststätte zu einer Vorstellung der Pläne geladen. Die Informations- und Interpretationshoheit der Presse war dahin. Die Nachbarn, die persönlich informiert waren, hatten es nicht nötig den Spekulationen irgendwelcher Journalisten zu glauben. Ganz nebenbei: Die spekulative Berichterstattung verschwand schneller als sie gekommen war.

„one to some“

Marketeaser wissen, dass sie mit der „one to many“-Methode nicht wissen, wen sie erreichen. Und damit auch keine Beziehung aufbauen können. Und sie hüten sich davor, ein persönliches Gespräch vorzutäuschen, wie es schlechte Dialogmarketer tun.

Die bevorzugte Form der Marketeaser ist eindeutig die „one to some“-Methode. Dabei ist es von vornherein nicht das Ziel, eine große Masse zu erreichen, sondern einige wenige. Es sind diese wenigen, die die Werbebotschaften weitertragen. Denn eine Werbebotschaft wird erst dann erfolgreich, wenn sie sich verselbständigt.

Auf den ersten Blick scheint es ein Nachteil zu sein, wenn Werbung nicht mehr breit, sondern nur noch punktuell gestreut wird. Im Kapitel Mundpropaganda werden Sie sehen, dass es ein großer Vorteil ist. Denn der Einzelne ist heute nicht isoliert. Er ist Bestandteil eines Netzwerkes, das er zur Weitergabe von Informationen nutzt. Und die Macht des Einzelnen ist riesig, wenn er sich in einem Netzwerk befindet (siehe auch Abbildung 1).

Die Macht des Einzelnen

Die Frage der Relevanz

Was immer Sie kommunizieren wollen, achten Sie darauf, dass es relevant ist. Die wenigsten Werbebotschaften der Old School-Werber sind es. Die wenigsten Pressemitteilungen auch. Und weil so wenige relevante Botschaften unterwegs sind, landen sie im Papierkorb. Vermutlich werden über 90% aller Pressemeldungen nicht gedruckt. Wenn man Werbebotschaften nicht in Form bezahlter Inserate verteilen könnte, würden sie zu 99% nicht erscheinen. Wen würden sie interessieren? Relevanz ist eine Frage, bei der die Faktoren „Wer?, Was?, Wann?, Wie?, Warum?“ zusammenpassen müssen. Die geringe Rücklaufquote von Direktmarketingaktionen hat damit zu tun, dass die Nachrichten für die Empfänger nicht relevant sind. Jeder der Absender als irrelevant angesehen wird. Da nützt es dann auch nicht mehr viel, wenn die Inhalte super aufbereitet sind. Direktmarketingexperten sind hochzufrieden, wenn ein bis drei Prozent aller Angesprochenen auf eine Werbebotschaft reagiert. Na toll. Leider machen sich Werber, die so etwas als Erfolg anrechnen, keine Gedanken darüber, dass sie mit einer derartigen Aktion 97–99% der Angesprochenen die Zeit gestohlen haben.

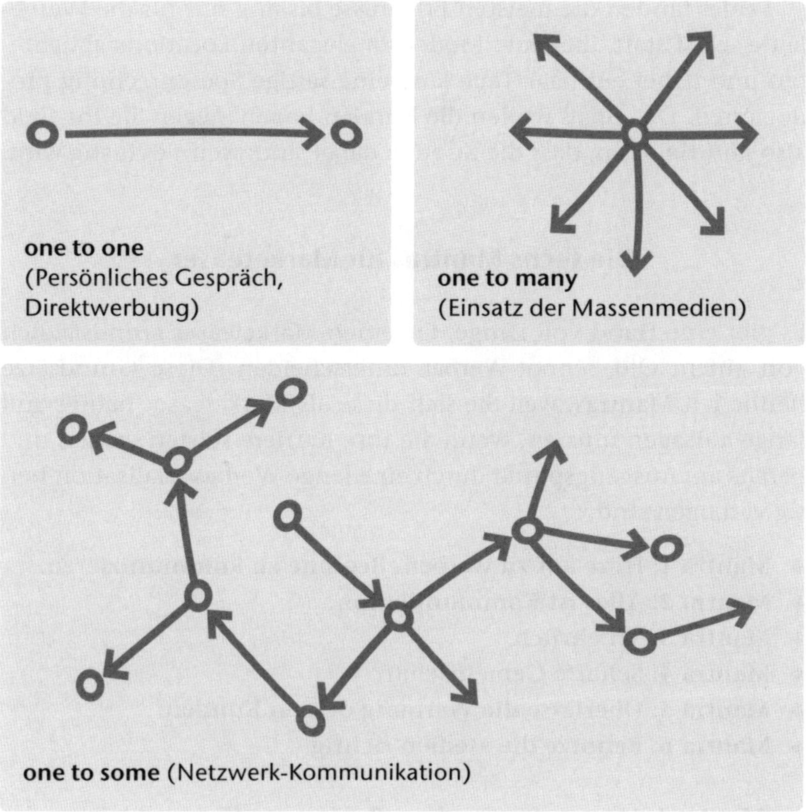

Abbildung 1:
Die verschiedenen Modelle der Nachrichtenverbreitung

Involvement, Ihr neues Zauberwort

Wollen Sie wissen, wie sehr Kunden von Werbemaßnahmen begeistert sind? Wollen Sie ein Lächeln auf ihre Gesichter zaubern? Dann suchen Sie so viele Gelegenheiten wie möglich, den Kunden in Ihre Aktivitäten einzubeziehen.

„Invertising statt Advertising" hat das der Publizist und Marketingexperte Rick Bruner genannt. Werbemaßnahmen, die den Kunden einladen an ihnen teilzuhaben, die so anziehend sind, dass der Kunde sie in sein Leben integrieren möchte.

Lassen Sie Ihre Etiketten vom Kunden gestalten. Lassen Sie Ihr Produkt durch den Kunden selbst zusammenbauen. Veranstalten Sie Feste, gemeinsam mit Ihren Kunden. Spielen Sie. Bringen Sie den Spaß ins Leben der Kunden und in Ihren eigenen Alltag. Werbeleute wissen schon lange: Nicht das Produkt zählt, sondern das Erlebnis, das man mit ihm hat.

Leider fanden die meisten Erlebnisse bislang nur für die Werbeleute selbst statt, die teure Models in eleganten Locations ablichteten und dabei ein paar Tage lang eine saftige Spesenrechung produzierten. Den Spaß wollen die Kunden haben. Legen Sie Ihr Geld also künftig so an, dass die Kunden dabei sind, wenn es lustig wird.

Die sechs Mantras für Marketeaser

Es gibt eine Hand voll Dinge, die einen Marketeaser grundsätzlich von einem Old School-Werber unterscheiden. Diese Grundsätze nenne ich Mantras, weil Sie sich diese als Marketeaser häufig und lange aufsagen müssen, wenn Sie Ihre Karriere starten wollen und bereits am Ausgangspunkt durch eine lange Werbesozialisation heftig verbogen sind.

- **Mantra 1: Höre auf zu werben. Beginne zu kommunizieren.**
- **Mantra 2: Alles ist Kommunikation.**
- **Mantra 3. Sei ehrlich.**
- **Mantra 4: Schaffe Gemeinschaft.**
- **Mantra 5: Überlasse die Werbung deinen Kunden.**
- **Mantra 6: Benutze die Medien richtig.**

Mantra 1: Höre auf zu werben. Beginne zu kommunizieren.

Zuhören hilft

Werbung ist eine Art, Botschaften zu verpacken. Aber es ist nicht die Art, wie Menschen miteinander kommunizieren. Denn eine Kommunikation setzt voraus, dass die Rollen des Sprechers und Angesprochenen wechseln. Dass Reden und Zuhören wechselweise stattfinden. Und Werbung hat nun mal keinen Rückkanal. Werbung will keine Gespräche auslösen. Sie will überrumpeln und überzeugen – am besten ohne Widerrede. Mit Kommunikation hat dies nichts zu tun. Eher mit einseitiger Propaganda.

Was wird geschehen, wenn Sie aufgehört haben zu werben und begonnen haben zu kommunizieren? Etwas ganz selbstverständliches: Der Kunde kommt auch zu Wort. Sie empfangen Botschaften, Meinungen, Gefühle. Sie bekommen wertvolle Hinweise zu Produktideen, Vertriebs- oder Logistikverbesserungen. Und Sie bekommen die unvergleichliche Chance aus Kritik zu lernen. Clevere Marketeaser nutzen den Austausch mit den Kunden für alle Bereiche des Unternehmens, in denen dies sinnvoll ist.

Mantra 2: Alles ist Kommunikation.

Und ich meine wirklich alles. Wenn Sie Bäcker sind und Ihr Kunde in eine schlappe Brezel beißt, dann sagt das mehr als die Leuchtreklametafel vor Ihrem Geschäft. Gewöhnen Sie sich an den Gedanken, dass der Kunde alles, was Sie tun, als Teil Ihres Marketings sieht. Er wird es benutzen, um über Sie ein Urteil zu fällen. Erinnern Sie sich noch an das Konzept der integrierten Kommunikation? Alle Marketingbotschaften aus einem Guss. Eine schöne Idee. Nur leider haben die Unternehmen es nie geschafft. Das doofe ist nur: Ihr Kunde schafft es. Schlecht gelaunte Verkäufer, schlampige Arbeit, eine nicht besetzte Telefonzentrale, schleppende Reklamationsbearbeitung oder dreckige Schuhe des Vertreters – alles sendet Botschaften aus. Und alle diese Botschaften baut der Kunde zu einem Gesamtbild über Ihr Unternehmen zusammen. Wenn wir schon bei Schuhen sind: Meinen Sie, dass man modische Schuhe von Verkäuferinnen präsentieren lassen sollte, die in Gesundheitssandalen und Stützstrümpfen herumlaufen? Sicher nicht. Die Schuhläden von Salamander haben es trotzdem jahrelang versucht. Marketeaser wissen: Mit allem was sie tun, haben sie die Chance, positive Botschaften zu senden. Das macht sie anderen überlegen. Alles ist Kommunikation. Alles ist Marketeasing.

Ihr Kunde ist klüger

Mantra 3: Sei ehrlich.

Geben wir es doch zu. Die klassische Werbung war schon immer zwischen großer Lüge und ein bisschen schwindeln zuhause. Im Vortäuschen von Scheinwelten waren und sind die Old School-Werber ganz groß.

Falsche Werbeaussagen, unzutreffende Produktbeschreibungen verbreiten sich heutzutage weitaus schneller als positive Nachrichten. Die Zeiten, in denen es vielleicht als Kavaliersdelikt durchgehen konnte, bei technischen Angaben ein bisschen zu mogeln oder einer Bratpfanne Antihafteigenschaften zuzuschreiben, die nur für zwei Bratvorgänge anhalten, sind vorbei. Verbraucher tauschen sich über ihre schlechten Erfahrungen in Windeseile aus. Der daraus resultierende Schaden ist enorm und dank Internet von sehr langer Dauer. Sind erst mal negative Meldungen im Internet im Umlauf, lassen sie sich nicht mehr löschen. Solange Google dazu Suchtreffer ausspuckt, müssen Sie damit leben. Klassische Medien konnte man ja noch mundtot machen, aber hunderte von Websites? Einstweilige Verfügung? Gegen wen? Aufgrund der dezentralen Struktur des Netzes dürfte es kein Unternehmen der Welt schaffen, diese Meldungen restlos verschwinden zu lassen.

Im September 2004 tauchte ein kleines Video im Netz auf, das zeigt, wie man die Kryptonite Sicherheitsschlösser mit einem kleinen Plastikkugelschreiber knacken kann. Der Hersteller konnte nicht ahnen, dass dieses Enthüllungsvideo in Windeseile um die Welt gehen würde. Binnen weniger Tage hatte das 30-köpfige Team von Kryptonite nicht nur hunderte von Blogs gegen sich, sondern auch die etablierten Medien auf den Fersen, die das Thema sofort aufgriffen. Und dann blieb nur noch eine Woche Zeit, eine angemessene Reaktion zu überlegen. Eine Woche für die Entscheidung alle in den letzten 30 Jahren verkauften mangelhaften Schlösser gegen nicht knackbare auszutauschen. Das ehrliche Eingeständnis des Fehlers und das großzügige Austausch-Angebot waren teuer, aber die Entscheidung dürfte sich für das Unternehmen in Zukunft auszahlen. Kryptonite hat heute nach eigenen Angaben mehr treue und überzeugte Kunden als früher.

Mantra 4: Schaffe Gemeinschaft.

In Zukunft werden Sie ohne eine starke Gemeinschaft, ein Netzwerk aus Geschäftspartnern, Freunden, Kunden und Mitstreitern für Ihre Sache, nicht überleben können. Denn jedes Unternehmen ist bislang gegenüber den Konsumenten im Nachteil: Die Konsumenten sind untereinander durch alle möglichen Medien vernetzt. Sie nutzen Websites, Blogs, Chats, Foren, Soziale Netzwerke, Twitter oder Wikis, SMS, RSS-Feeds, Mailinglisten, Instant-Messaging und vieles mehr. Unternehmen tun das nicht. Unternehmen sind bislang nur nach innen und mit Lieferanten und Geschäftspartnern, aber nicht mit Kunden vernetzt. In der modernen Medienwelt stehen sie noch ziemlich allein da. Als Marketeaser nutzen Sie jede Gelegenheit mit Ihren Kunden zusammenzukommen. Gemeinsam Produkte und Dienstleistungen zu erleben, gemeinsam Spaß zu haben.

Vernetzt mit Kunden

Mantra 5: Überlasse die Werbung den Kunden.

Als Marketeaser vertrauen Sie darauf, dass Ihre Kunden die besten Werbebotschafter Ihres Unternehmens sind. Sie nutzen das mächtigste Werkzeug der Welt, das es gibt: Mundpropaganda. Immerhin hat mit dieser Methode vor über 2.000 Jahren ein völlig unbekannter Zimmermann die größte Weltreligion aufgebaut.

Im Old School-Marketing herrscht der Glaube an die totale Kontrolle. Designmanuals regeln Farben, Schriften, Winkel und Formate des Logos … bis auf den kleinsten Millimeter. Bloß um Botschaften möglichst „perfekt" an den Kunden auszuliefern. Als Marketeaser wissen Sie, dass es die totale Kontrolle nicht gibt. Als Marketeaser interessieren Sie sich nicht dafür wie die Botschaften ausgeliefert werden. Sie wollen alles darüber wissen wie sie ankommen. Und was dann geschieht. Werden die Botschaften verstanden, beantwortet, wird reagiert, werden sie weitergegeben? Ermutigen Sie Ihre Kunden wo immer Sie können, über Sie zu reden!

Mantra 6: Benutze die Medien richtig.

Marketeaser benutzen die Medien, um Botschaften zu transportieren. Allerdings nicht wie Old School-Werber. Während Old School-Werber sich vorwiegend innerhalb der festgelegten Formate wie Spots, Anzeigen, bezahlten Sponsorships etc. bewegen, machen Marketeaser um diese Werbeinseln einen riesigen Bogen. Stattdessen haben Marketeaser den Bogen raus, wenn es darum geht, den Programmmachern und Redakteuren das zu liefern, was diese für ihr tägliches Brot brauchen: Storys, Meldungen, Bilder, Ereignisse.

Raus aus den Werbeinseln

Marketeaser machen die News. Und vegetieren nicht in Werbeinseln dahin. Sie füttern die Massenmedien mit Geschichten. Und nicht mit Geld.

2.
Gute Werbung muss sich von selbst verbreiten

◆

In diesem Kapitel erfahren Sie unter anderem:

Was Aldi und Apple gemeinsam haben.
Warum die Old School-Werber Mundpropaganda nicht benutzen.
Dass Sie aufhören sollen, normal zu sein.
Warum Bullshit-Bingo ansteckend ist.
Was es mit Ostereiern wirklich auf sich hat.

Die Grundlagen der Mundpropaganda

Bereits vor 8 Jahren haben die bekannten amerikanischen PR-Gurus Al und Laura Ries ein überaus erfolgreiches Buch geschrieben. „PR ist die bessere Werbung" heißt es. Es soll anhand von zahlreichen Beispielen erklären, dass für den Aufbau eines Unternehmens nicht die Werbung, sondern die PR das wichtigste Instrument darstellt. Die zentrale These: PR baue ein Unternehmen auf, Werbung stabilisiere seinen Marktanteil oder baue ihn aus. Leider haben sie die Rolle der Mundpropaganda übersehen. Denn weder Werbung noch PR sind ausschlaggebend für den Erfolg eines Unternehmens, seiner Produkte oder Dienstleistungen, sondern es ist die Mundpropaganda. Gerade bei den überaus erfolgreichen Unternehmen der letzten Jahre zeigt sich das sehr deutlich. Die derzeit wohl von Experten und Kunden am meisten verehrte Marke Apple wird auch in diesem Buch mehrfach zitiert. Sie ist eine Marke, die von der Leidenschaft ihrer Fans getragen wird, die Apple Nachrichten austauschen wie Kinder ihre Sammelbildchen.

Der Mythos Mundpropaganda

Wenn Sie Erzählungen von erfolgreichen Unternehmern lauschen, werden Sie sehr oft feststellen, dass darin Sätze vorkommen wie: „Durch Mundpropaganda sprach sich das allmählich herum.", „Durch Mundpropaganda wurden wir so bekannt, dass die ersten Aufträge aus dem Ausland kamen.", „Durch Mundpropaganda wurde die Presse auf uns aufmerksam." usw.

Eines der erfolgreichsten Unternehmen Deutschlands, der Discounter Aldi, ist ein perfektes Beispiel dafür. In dem Bemühen, Waren deutlich preiswerter als der Wettbewerb anbieten zu können, entdeckten die Aldi Brüder vor allem eins. Wer preiswert sein will, muss auch kostenbewusst sein. Von Anfang an verzichtete Aldi auf Werbung. „Die beste Werbung waren unsere Preise", sagten die Aldi Brüder. Und auch später, als das Unternehmen sich zusehends etablierte und immer schneller wuchs, blieben die Werbeaufwendungen äußerst bescheiden. In dem einzigen dokumentierten Fachvortrag von Karl Albrecht aus dem Jahre 1953 verriet dieser:

> „Der Prozentsatz für Werbekosten liegt noch nicht einmal bei 0,1 Prozent. Unsere ganze Werbung liegt im billigen Preis und ist so wirksam, dass der Kunde es auf sich nimmt, Schlange zu stehen. Am Wochenende ist es fast immer so, dass er schon vor Öffnung des Geschäfts vor der Tür draußen wartet." *(Dieter Brandes, Konsequent einfach, S. 20)*

Eine Werbeagentur zur Gestaltung ihrer Anzeigen hat Aldi nie beschäftigt. Dennoch brachten die schlichten Anzeigen oder Flugblätter die Kunden in Scharen in die Läden. Als die ersten Aldi PCs in die Läden kamen, versuchten die Kunden sich untereinander über deren Erscheinen, Leistungsmerkmale usw. zu informieren. Oftmals erreichen einen die Tipps, was demnächst bei Aldi spottbillig und in hervorragender Qualität angeboten wird, über das Internet – schon Tage vorher.

Was ist eigentlich Mundpropaganda?

Nichts Besonderes. Mundpropaganda ist der Vorgang, wenn sich zwei oder mehr Konsumenten über ein Unternehmen, seine Produkte und Dienstleistungen austauschen. Mundpropaganda ist so alltäglich wie eine überfüllte U-Bahn oder der Büroklatsch am Wasserspender oder der Kaffeemaschine. Bestandteil von Mundpropaganda sind gute oder schlechte Konsumerfahrungen. So wie ich gestern den Tipp erhielt, meinen uralten Vespa-Roller bloß nicht zum Zweiradspezialisten XY zu bringen. Oder, wie mir mein Maler verriet, dass er, um einen Neubau schneller trocken zu kriegen, die billigen Heizlüfter von Aldi verwendet und keine teuren Spezialgeräte dafür einsetzt. Leute reden eine ganze Menge im Laufe des Tages. Jede Menge Mundpropaganda. Begeisterung oder Verärgerung sind auf Konsumentenseite besonders gute Auslöser für Gespräche. Seitdem Mundpropaganda nicht nur auf persönliche Gespräche beschränkt ist, sondern auch das Internet mit seinen Blogs, Foren und Communities genutzt werden kann, seitdem man mit dem stets greifbaren Handy auch über SMS und MMS Informationen verschickt, gibt es eine Fülle zusätzlicher Möglichkeiten für Konsumenten sich untereinander auszutauschen.

Auslöser für Gespräche

Worum geht es bei Mundpropaganda?

Das Prinzip, das hinter der Idee der Mundpropaganda steht, ist das: Begeisterte Kunden geben ihre Begeisterung an andere Menschen weiter. Verärgerte tun dies übrigens auch. Dafür verwenden sie das persönliche Gespräch, Handys, Blogs, Worte, bewegte oder stehende Bilder – einfach alles, was ihnen an Medien und Verbreitungswegen zur Verfügung steht. Mundpropaganda geschieht, auch ohne Zutun der Unternehmen. Spannende Frage allerdings ist: Was können sie tun, um die Entstehung von Mundpropaganda zu fördern?

- **Sie müssen begeisterte Kunden schaffen,**
- **Sie müssen interessante Nachrichten und Storys kreieren,**
- **Sie müssen ihre Botschaften auf ansteckende Weise verpacken,**
- **Sie müssen die Überträger für ihre Botschaften finden,**
- **Sie müssen die effektivsten Verbreitungswege kennen und nutzen.**

Warum die Old School-Werber das Werkzeug Mundpropaganda nicht benutzen

Das Provisionsmodell verhindert Alternativen

Ganz einfach: Die Werbebranche basiert auf einem Geschäftsmodell, das aus dem letzten Jahrhundert stammt. Schließlich hat sich die Branche aus der Vermittlung von Anzeigenkunden heraus entwickelt. Die ersten Werbeagenturen wurden für die Gestaltung von Anzeigen nicht von den Inserenten bezahlt, sondern von Verlagen. Die Vermittlung von Anzeigenkunden war ein lukratives Geschäft. Rund 20% Vermittlungsprovision zahlten die Medienhäuser den Agenturen – eine Provisionseinnahme, die reichte, um dem Kunden die Anzeigen kostenlos zu gestalten und nebenher noch ein Vermögen aufzubauen. An diesem Provisionsmodell hat sich bis vor wenigen Jahren nicht viel geändert. Zwar sind die Margen gesunken, weil die Provisionen von den Kunden hart verhandelt werden. Aber noch immer sind die Einnahmen aus diesen Vergütungen ein wichtiger Anteil an den Gesamteinnahmen einer Werbeagentur. Wie aber soll sich eine Branche, die nur existieren kann, wenn sie am finanziellen Tropf der großen Verlagshäuser, Radio- und TV-Stationen hängt, ernsthaft um Alternativen bemühen, die sie von dieser Zuwendung letztendlich abschneidet? Noch heute wäre es Gift für jeden der etablierten Agenturinhaber, wenn er sich lauthals zur Mundpropaganda bekennen würde. Er müsste seinen Porsche Boxster schlagartig gegen einen Skoda umtauschen.

Wie Sie Gespräche auslösen

Wenn Sie Werber sind, meinen Sie natürlich: mit Werbung. Aber als Unternehmer sollten Sie wissen, dass alles was Sie tun oder unterlassen Gespräche, also Mundpropaganda, auslösen kann.

Abbildung 2: **Wer normal ist, wird nicht bemerkt**

Normal ist nicht genug

Der amerikanische Marketingprofi Seth Godin ist der Meinung, dass es darauf ankommt, „bemerkenswert" zu sein. Ein guter Begriff. Denn nur über Dinge, die bemerkenswert sind, ist es wert, geredet zu werden. Eine ordentliche Leistung ist nicht bemerkenswert. Das erwarten die Kunden von Ihnen. Eine außerordentliche Leistung reicht auch nicht immer. Die erwarte ich, wenn ich im Fünf-Sterne-Restaurant speise. Aber sowohl als Inhaber einer Imbissbude als auch als Chef eines Fünf-Sterne-Restaurants können Sie es schaffen, bemerkenswert zu sein. Sie müssen nur den Erwartungshorizont Ihrer Kunden übertreffen! Wie das geht?

Hören Sie auf, normal zu sein!

Der beste Tipp, den man Ihnen geben kann, wenn Sie Mundpropaganda auslösen wollen. Denn Mundpropaganda entsteht nicht, wenn alles okay ist, wenn jede Ihrer Leistungen den Erwartungen entspricht. Haben Sie nicht schon oft in Hotels die Fragebögen gesehen, mit denen Sie gebeten wurden, Ihre Bewertung zu dutzenden von Punkten abzugeben? Und, haben Sie es getan? Die wenigsten solcher Fragebögen kommen zurück. Manche Hoteldirektoren beklagen dann, dass die Gäste diese Fragebögen zu wenig nutzen, um Feedback zu geben. Aber es liegt nicht an den Gästen, wenn die Rücklaufquote so gering ist. Es liegt am Hotel. Es ist einfach nicht der Rede wert. Ganz anders wird ein Kunde reagieren, der von den Leistungen des Hotels überrascht und begeistert war. Manche brauchen da nicht mal einen Fragebogen, sondern geben ihr Lob an irgendeinen Bediensteten weiter. Oder hinterlassen kleine Zettel, mit denen Sie sich bedanken. Andere fanden das Ganze so miserabel, dass diese den Fragebogen dankbar entgegennahmen, um ihren Unmut loszuwerden.

Bemerkenswertes entsteht nur, wenn Sie das Normale verlassen: an den beiden Rändern von Abbildung 2.

Seltsamerweise sind Unternehmen immer dann zufrieden, wenn es „normal“ verläuft. Dabei müssen sie sich gerade dann die größten Sorgen machen, wenn sie in der Grafik in der Mitte stehen. Wer sich in dieser Grafik am Rand befindet, also mit „bemerkenswert gut“ oder „bemerkenswert schlecht“ abgeschnitten hat, ist besser dran. Er hat gute Chancen, dass über ihn tatsächlich geredet wird. Die bemerkenswert Schlechten können sich damit trösten, dass sie wenigstens Feedback bekommen haben, und damit die Chance, in ihrem Unternehmen rasch etwas zu ändern, um die bemerkenswert schlechten Dinge abzustellen. Aber die „Normalen“ – über die spricht man nicht. Sie haben die höchsten Werbeausgaben und die am wenigsten treuen Kunden. Wenn sich was Besseres bietet, zeigt man den „Normalen“ die kalte Schulter.

Ein Unternehmen hat tausend Gelegenheiten nicht normal zu sein

Aus der Normalität ausbrechen

Bitte machen Sie nicht den Fehler zu denken, Sie könnten nur mit Ihren Werbemaßnahmen Bemerkenswertes schaffen, Sie hätten nur in dem engen Feld der Werbung Gelegenheit nicht normal zu sein. Tatsächlich haben Sie auf allen Feldern des Unternehmens die Möglichkeit etwas zu ändern, um aus der Normalität auszubrechen.

Wie man ein Unternehmen anders führt

W. L. Gore, das amerikanische Unternehmen, unter anderem Hersteller des erfolgreichen Textilmaterials Gore-Tex, beschränkt die Zahl jeder Betriebstätte auf 150 Mitarbeiter. Hierarchien und Titel gibt es bei dem Unternehmen nicht. Auch keine Job-Descriptions. Stattdessen bilden sich Teams im Unternehmen und diese Teams wählen ihren Chef selbst. Wie kommt der Einzelne zu seinen Aufgaben? Er wählt sie sich selber. Im Team beschreibt jeder Einzelne, welche Aufgaben er im neuen Geschäftsjahr wahrnehmen wird und was er erreichen will, die so genannten persönlichen „Commitments“.

Der Unterschied sind die Mitarbeiter

Die amerikanische Mitarbeiter-Restaurantkette bietet gutes Essen, tollen Service, eine entspannte Atmosphäre und die inzwischen legendären, leicht bekleideten Hooters Girls als Kellnerinnen. Hooters, ein Slangword für die weiblichen Brüste, hat besonders viel zu bieten – an Oberweite. In Shorts, Turnschuhen und mit einem knapp sitzenden Oberteil, flitzen die Kellnerinnen durch das Restaurant, um Grillfleisch und Lobster zu servieren. „Erfreulich doof, aber ohne Stil", so der Slogan. Seit 20 Jahren ist die Kette damit erfolgreich. Jetzt beflügeln Hooters Girls als Stewardessen die männlichen Fantasien. Denn Hooters gibt es seit kurzem auch als Airline. Es gibt zwar gerade mal vier Maschinen – „In den Medien sind wir aber präsent, als hätten wir 500 Maschinen", sagt der Hooters Geschäftsführer Peterson. Er sieht die Jets als originelle PR für die Lokale.

Airline als PR-Gag

Genießen für einen guten Zweck

Der britische TV-Koch und Bestsellerautor Jamie Oliver hat 15 arbeitslose Jugendliche ausgebildet und sie dann als Küchencrew in seinem Restaurant „Fifteen" angestellt. Es ist eines der angesagtesten Restaurants im Retro-Stil und bietet die typische Jamie Oliver Küche: einfach, einfallsreich und von der mediterranen Küche inspiriert. Die Einnahmen des Restaurants „Fifteen" gehen inzwischen an eine „Fifteen Foundation", die Jahr für Jahr 15–20 neue Lehrstellen anbietet und Jugendlichen, die aus schwierigen Verhältnissen stammen, zu einem Beruf verhilft.

Filmreife Gurken

Die Firma Spreewaldhof hat eine neue Portionierung und Verpackung für ihre Gurken entwickelt. Als Alternative zu den Gurken im Glas, wird nun eine handverlesene stattliche Gurke in einer Aludose verpackt und an Tankstellen, Supermärkten, Diskos und Sportstudios verkauft, für 1,50 bis 2,20 Euro. „Get one", heißt der als kalorienarm gepriesene Snack. Eine Gewürzgurke, die exakt 12,5 cm lang und 3,5 cm dick ist. Weil in dem Filmhit „Good Bye Lenin" ständig Spreewaldgurken gefuttert werden, erfand Marketingchefin Karin Seidl ein Geschenkset aus DVD und der „Get one"-Gurke zum Start der Idee. Hätten Sie je gedacht, dass Gurken und Kinohits zusammengehen? Hätten Sie je gedacht, dass man eine Gurke zum Geschenk machen könnte?

Die politische Waschanleitung

Ein kleines Etikett, wie es als Waschanleitung dient, hat die Taschen der US-Firma Tom Bihn zum Verkaufsschlager gemacht. Im Inneren der Taschen des Herstellers ist ein Etikett mit Pflegehinweisen eingenäht. Aber neben den üblichen Piktogrammen und Waschhinweisen enthält es den Satz auf Französisch: „Es tut uns leid, dass unser Präsident ein Idiot ist. Wir haben ihn nicht gewählt." Für die Nachwelt muss festgehalten werden: Damals war ein gewisser George W. Bush im Amt. Als ein Kunde das Label fotografiert und ins Internet gestellt hat, haben sich die Verkaufszahlen der ungewöhnlich etikettierten Taschen verdoppelt.

Das flach geklopfte Riesenschnitzel

Das Riesenschnitzel des Restaurants Figlmüller in Wien spricht für sich. Dabei ist es doch ganz einfach: Man muss ein Kalbsschnitzel nur so flach klopfen, das es weit über den Teller hinausragt und schon hat man ein Markenzeichen. Das Restaurant Figlmüller ist wegen dieser Besonderheit in wohl jedem Wien-Führer aufgeführt; egal, ob in deutscher, englischer oder japanischer Sprache.

Fehlt in keinem Reiseführer

Ein Hotel, das richtig liegt

Ein Aufsehen erregendes Angebot hat die Pension Kamerichs in Bad Laasphe: das Wittgensteiner Himmelbett. Gäste der kleinen Pension können, wenn sie wollen, im Freien übernachten. Im Garten der Pension steht dafür ein wetterfestes eisernes Himmelbett bereit. Wer will, bekommt Waschschüsseln, Betthauben und Omas Reinleinen-Nachthemden dazu. Natürlich ist das Schlafen unter freiem Himmel ein Angebot, das die Aufmerksamkeit der Gäste und der Medien erregt. Die vier Zimmer und zwei Appartements der kleinen Pension profitieren von der Publicity dieses „Sonderangebots", das an trockenen Tagen wahrgenommen werden kann.

Eingeschlafen zwischen Büchern

Das Gutshotel Groß Breesen nennt sich das 1. Bücherhotel in Deutschland. Im 1. Bücherhotel Deutschlands gibt es offenbar Bücher überall wo man hinschaut. Rund 80.000 Bücher sind völlig unsortiert in allen Bereichen des Hotelkomplexes frei zugänglich. Das Hotel verspricht Freude am Finden und eine Entdeckungsreise durch die Regale. Dazu gibt es eine Menge guter Ideen, die das Ganze liebenswert, attraktiv und originell machen und jede Menge Stoff für Presseberichte und Tipps zum Weitersagen, zum Beispiel die „Aktion Büchertausch". Für zwei mitgebrachte Bücher können sich Gäste ein Buch wieder mitnehmen. Das gilt auch für den Tausch von Schallplatten und CDs. Oder die „Aktion für den belesenen Handwerker und den handwerkelnden Leser“: Wer handwerkliche Fähigkeiten hat, kann sie nutzen und Regale bauen. Dafür gibt es eine Übernachtung, ein Drei-Gang-Abendessen, Lagerfeuer im Gutspark und vieles mehr besonders preiswert.

Musik im Kultgehäuse

Beinah alles, was die Firma Apple herausbringt, sieht anders aus als das vom Wettbewerb. Während PC-Gehäuse mausgraue Stahlkisten sind, waren Apple Gehäuse schon immer anders. Egal, ob der Macintosh, ein kleiner Knubbel, den man nicht unter, sondern auf den Tisch stellte oder die schreiend bunten Plastikgehäuse der iMac Serie. Während andere MP3-Player in Supermärkten für wenige Euros verramscht werden, ist der iPod Kult, zu einem Preis von deutlich über 200 Euro. Bereits der Ur-iPod war bei seinem Erscheinen alles andere als normal. Er hatte ein ungewöhnliches Design, eine sehr funktionelle, komfortable Bedienung und vor allem eine bis dahin unerhört hohe Speicherkapazität von 5 GB – genug für 1.200 Musikstücke.

Kult hat seinen Preis

Verkauf in Partystimmung

Schon mal was vom Tuppern gehört? Mit Sicherheit: Denn das Vertriebskonzept der Tupperware kommt ohne die Mundpropaganda nicht aus. „Die zentrale Person einer Tupperparty ist die Gastgeberin“, meint die Firma Tupperware. Recht hat sie. Wer eine Tupperparty veranstalten will, wendet sich an das Unternehmen. Der Lohn der Gastgeberin: ein Extrageschenk und eine Umsatzbeteiligung in Form von Sternen, die man gegen Artikel aus dem Sortiment einlösen kann. Das überaus erfolgreiche Vertriebskonzept setzt darauf, dass die Gastgeberin die Kundinnen akquiriert. Tupperware spart sich einen enormen Werbe- und Vertriebsaufwand und generiert, dank der gelösten Partystimmung, hervorragende Umsätze. Wer einmal dabei war, weiß, zu welchen Spontankäufen sich die Damen hinreißen lassen.

Aufpoppen und wieder dicht machen

Das sündhaft teure Fashion Label Comme des Garcons gehörte zu den Ersten, die sich vom Prinzip der ständigen Verfügbarkeit des Angebots verabschiedet haben. Sie eröffneten einen Laden in Berlin-Mitte für die Dauer eines Jahres. Den so genannten Guerilla Store +49 30. Die Räume einer ehemaligen Buchhandlung wurden für die Warenpräsentation kaum verändert. Die wenigen Möbel, die zur Inneneinrichtung benötigt wurden, hat man bei Trödelmärkten erstanden und nach dem Zufallsprinzip ausgewählt. Einziges ästhetisches Zugeständnis: Die Möbel wurden mit einem einheitlichen Autolack überzogen. Auch bei der Werbung waren die Modehersteller sparsam. Das Werbekonzept basiert nahezu vollständig auf Mund-zu-Mund-Propaganda. Lediglich zur Eröffnung wurden 600 Plakate in Berlin geklebt. Inzwischen wird das Prinzip dieser „Pop up Stores" weltweit von Szenemarken kopiert. Dabei ist die Idee der zeitlichen Limitierung ein Erfolgsrezept, das auf viele Branchen übertragbar ist.

Reservierungen zwecklos

In die New Yorker Cocktailbar Milk & Honey kommen Sie nur mit einer Einladung, oder wenn Sie jemand begleitet, der eine Einladung hat. Reservierungen sind zwecklos. Sie finden die Bar in keinem Telefonbuch und sobald die Telefonnummer durchsickert, meldet der Barbesitzer das Telefon ab und eine neue Nummer an. Selbst der Eingang der Bar ist getarnt – als kleiner Schneiderladen mit einer muffigen Schaufensterauslage.

Tarnung wirkt anziehend

Der Londoner Ableger ist ebenfalls gut versteckt. Allerdings gehen dort die Vorschriften noch ein Stück weiter. Wer das Recht auf einen Barbesuch haben will, muss 350 Pfund Jahresgebühr auf den Tisch legen.

Der Kinder-Inder

Wenn deutsche Restaurants kinderfreundlich sein wollen, machen sie mindestens eines der folgenden Dinge. Oder alle zusammen. Sie kaufen spezielle Kinderhochstühle, in die sich die 1- bis 3-Jährigen setzen können. Sie bieten einen Kinderteller an, der aus Pommes, Schnitzel oder Fischstäbchen besteht. Sie halten Malstifte und Ausmalbögen bereit. Sie servieren Eis mit Fähnchen oder lustigen Comicfiguren. Aber das war's dann schon.

Der Inder Saeidi Pour-Ebrahim hat die Schaffung eines kinderfreundlichen Restaurants so konsequent betrieben, dass er heute als Kinder-Inder in ganz Berlin bekannt ist. Damit hat er sogar Mc Donalds überflügelt. Denn während die Fastfoodkette es mal gerade auf eine Spielecke und einen Rutschturm vor dem Restaurant bringt, hat er sein ganzes Restaurant um eine riesige 200 qm große Spielfläche aus Klettergerüsten und Geräten gebaut. Die Kinder toben in der Mitte, die Eltern sitzen am Rande und genießen die indische Küche. Im angeblich kinderreichsten Stadtteil Europas, dem Prenzlauer Berg, ist „Micky's Spielparadies" ein Hit für Eltern und Kinder. Das Restaurant wird als eine der Attraktionen für Kinder in zahlreichen Reiseführern erwähnt, zählt zu den wenigen Indoor-Spielplätzen überhaupt und ist immer rappelvoll.

Spielplatz oder Restaurant

Besonders bei Geburtstags-Partys im „Micky's", da wird auf Wunsch ein Clown vermittelt. Oder beim beliebten „Kinderschminken mit Anja" zum Preis von einem Euro. Fünfzig bis sechzig Kinder kommen am Tag und mit ihnen die Eltern. Kindergeburtstage und Feiern muss man lange im Voraus bestellen.

Checkliste: Alles andere als normal

Hier ein paar Anregungen, auf welchen Feldern des Unternehmens Sie Gelegenheit haben, nicht normal zu sein.

- Unternehmensführung
- Mitarbeiter
- Angebot
- Preisgestaltung
- Design
- Lieferanten
- Rohstoffe
- Vertrieb
- Logistik
- Produktentwicklung
- Werbung
- Verpackung
- Verpackungseinheit

Wie kreiert man ansteckende Botschaften?

In den vorangegangenen Beispielen haben wir gesehen, dass Mundpropaganda von ganz allein entsteht – einfach weil jemand bemerkenswerte Dinge in Ihrem Unternehmen vorgefunden hat. Den Grund für das Entstehen der Mundpropaganda haben Sie natürlich selbst geliefert. Wie steht es aber mit den Nachrichten, die Sie in Umlauf bringen möchten? Gibt es Möglichkeiten, Ihre Botschaften so zu gestalten, dass sie von den Empfängern aufgenommen, verarbeitet und weitergereicht werden können?

Gibt es ansteckende und weniger ansteckende Botschaften? Aber sicher! Entscheidend dabei ist, wie Botschaften verpackt werden, damit sie das größte Ansteckungspotenzial haben. Natürlich gelten für Botschaften, die übertragungsfähig sein sollen, ein paar Anforderungen, die ihre Weitergabe grundsätzlich ermöglichen und vereinfachen.

Die richtige Verpackung

Das fördert den Ansteckungsfaktor

Einfach ist das einzig Wahre

Die Botschaft muss einfach, klar und überzeugend sein. Wann immer sie das nicht ist, ist die Weitergabe erschwert. Sie wird abgeändert, verstümmelt und kommt, wie die stille Post, bereits beim dritten Empfänger nur noch falsch an. Wenn Sie Kinder im Grundschulalter haben, testen Sie die Nachricht an ihnen.

Nützlichkeit ist die halbe Miete

Viele der Botschaften, die Kunden gerne weitergeben, müssen nicht witzig oder spektakulär sein. Sie sind einfach nützlich. Ein Immobilienmakler, der auf seiner Website Tipps zum Immobilienkauf, Infos zum Thema Steuern oder Wissenswertes über Finanzierungshilfen präsentiert und dies alles in einem PDF zum Download anbietet, kann sicher sein, dass diese Tipps die Runde machen. Der Texter Aurel Gergey profiliert sich durch ein kleines Büchlein mit dem Titel „Bierdeckel-Briefing. 17 Tipps wie Sie mehr aus Ihrem Werber rausholen“.

Tipps zum Weitergeben

Humor hilft immer

Ganz Deutschland im Moorhuhnfieber. Das Moorhuhn löste nicht nur eine riesige Welle von Mundpropaganda aus. Es wurde auch zum Medien-Dauerbrenner, zumindest einen Sommer lang. Selbst die Bildzeitung verhalf dem Ballerspiel, dem die niedlichen Moorhühner vor der Flinte zum Opfer fielen, zu nationaler Berühmtheit. Trotz mehrerer Millionen Mitspieler – kaum einer wusste, wofür das Ganze eigentlich warb. Es ist zwar ein Beispiel dafür, dass witzige Sachen den Leuten besonders viel Spaß machen, aber auch ein

Beispiel, dass Hühner und Whiskey nichts gemeinsam haben. Der Bulettenbrater Burger King, machte es mit dem devoten Hühnchen da schon besser. Immerhin verkauft er ja auch Chicken-Burger. Das „Subservient Chicken“ war ein Schauspieler in Hühnchenkostüm, der scheinbar live in einem Wohnraum saß und äußerst unterwürfig jeden Befehl der Surfer ausführte. Natürlich zielten die meisten Befehle auf unterhalb der Gürtellinie des Hühnchens und des guten Geschmacks. Aber das Hühnchen schien auf alles vorbereitet. Es stand auf, tanzte, kratzte sich am Kopf und versuchte zu fliegen. Damit war es nicht nur witzig, sondern hatte auch ein paar der nachfolgenden noch zu erwähnenden Eigenschaften: Es reagierte auf den Nutzer, bot überraschende Reaktionen und es förderte die Gemeinschaftsbildung. Auf zahlreichen Foren tauschten sich Besucher der Website aus, mit welchen Befehlen das Hühnchen zu besonders absurden Reaktionen dirigiert werden konnte.

Überraschendes kommt besser an

Überraschungseier wirken immer

Das Prinzip der Überraschung wirkt äußerst stimulierend. Denn alles was vorhersagbar ist, wird irgendwann langweilig. Unvorhergesehenes weckt die Neugier und den Spieltrieb. Und Nutzer sind viel glücklicher, wenn sie etwas selbst entdecken dürfen. Die Überraschungseier, in denen ein kleines Spielzeug steckt – ohne dass man weiß welches –, sind eine perfekte kommerzielle Umsetzung dieses Gedankens. Aber was bei Kindern funktioniert, klappt auch bei Computernutzern. Die oft als trocken verschrienen Programmierer haben wohl einen Mordsspaß dabei in Softwareprogrammen Ostereier zu verstecken – etwa das berühmte Flipper, das in Winword 97 durch eine bestimmte Tastenkombination aufgerufen werden konnte. Natürlich ist der Spaß bei den Entdeckern noch viel größer. Mehr über das Prinzip der „Ostereier“ erfahren Sie ein paar Seiten weiter.

Auch ein Online-Shop kann das Überraschungsmoment für sich nutzen. Der Shop www.woot.com tut das. Er präsentiert jeden Tag ein neues Produkt, pünktlich um Mitternacht. Aber kein Mensch weiß vorher welches. So treibt die Neugier täglich Tausende dazu sich den Wecker zu stellen und um 0.00 Uhr auf der Website von woot vorbeizusehen. Die Elektronikprodukte zum Schnäppchenpreis sind meist nach wenigen Stunden ausverkauft.

Bitte werden Sie persönlich

Wenn Sie eine Botschaft persönlich adressieren, wird man Ihnen zunächst eine weit höhere Aufmerksamkeit entgegenbringen. Wenn die Adressaten wiederum die Möglichkeit haben, an der Botschaft noch ein bisschen herumzubasteln, um sie dann wiederum persönlich maßgeschneidert an einen Kollegen oder lieben Freund weiterzuleiten, ist das eine wirksame Methode Mundpropaganda zu erzeugen. So funktionieren elektronische Grußkarten – E-Cards. Beim Autobauer Mini konnten Sie einen Film mit mehreren Charakteren und Handlungsabläufen selbst gestalten. Sie konnten die Namen der Empfänger eintragen und das Ganze als persönliches Filmchen versenden.

Fördern Sie Gemeinschaft

Gleicher sucht Gleiche

Leute lieben es, Leute mit ähnlichen Interessen kennen zu lernen. Jeder, der ein Hobby hat, sucht Gleichgesinnte. Manche steuern dazu bestimmte Websites an oder pflegen gar selber welche. Andere gehen in Vereine oder User-Clubs. Im Internet bilden sich diese Gemeinschaften binnen weniger Stunden nahezu von selbst. Zum Beispiel, wenn Sie Spiele oder Rätsel so gestalten, dass sie nur im Team bearbeitet werden können.

Passen Sie sich dem Medium an

Wer seine Botschaft weder den technischen Gegebenheiten des gewählten Mediums noch den Gewohnheiten seiner Nutzer anpasst, wird kaum virales Marketing betreiben können. Noch heute leiden viele Websites darunter, dass sie nichts als digitalisierte Prospektseiten darstellen. Oder dass der Download von Filmen, Trailern oder Spielen zu lange dauert. Oder die Performance an irgendeinem Punkt abbricht. Eine Botschaft, die sich verbreiten soll, muss in dem gewählten Medium perfekt funktionieren. Ohne Abstriche.

Werden Sie handgreiflich

Lassen Sie die Leute Dinge in die Hand nehmen und ausprobieren. Je weniger die Mitbewerber in Ihrer Branche auf dieses Ausprobieren setzen, desto mehr können Sie gewinnen. Meine letzten Tennisschläger habe ich immer dann gekauft, wenn mich der Tennislehrer auf ein neues Modell aufmerksam machte und es mir für ein paar Tage zum Ausprobieren mitgab. Sie sehen schon: auch Großzügigkeit hilft dabei. Und das Wissen, vielleicht nur zu einem kleinen Kreis ausgewählter Tester zu gehören. So empfinden es viele IT-Freaks geradezu als Auszeichnung, wenn sie für eine Software-Erprobung zum Beta-Tester werden können. Sie erhalten die Software während dieser Testphase kostenlos und geben dem Unternehmen wertvolle Impulse zur Fehlerbehebung. Wie die Einführung des Google E-Mail-Dienstes „G-Mail" zeigte, machten sich die Beta-Tester auch äußerst eifrig daran, andere mit dem Produkt zu infizieren.

Die Kunst der Verpackung oder warum Bullshit Bingo ansteckend ist

Der deutsche Viralmarketingexperte Thomas Zorbach verdeutlichte die Kunst des Verpackens in seinen Seminaren mit einer kleinen Anekdote. In seiner Zeit als Werbetexter regte er sich über den typischen Werbeslang, der innerhalb der Agentur verwendet wurde, richtig auf. Als Kreativer wollte er seinen Protest auch auf kreative Weise kundtun. Also klebte er die Unwörter der Woche an die Tür zu seinem Texterzimmer, als stillen Protest sozusagen. „Win-win-Situation" stand da. Oder „Me-too-Produkt". Oder „Key-visual". Eine Solidarisierungswelle löste er damit nicht aus. Zwei Jahre später hatte irgendwer im Internet ähnliche Aversionen gegen solche wichtigtuerischen Vokabeln und erfand das Bullshit-Bingo. Wer es spielen wollte, musste auf Meetings und Sitzungen immer ein kleines Blatt mitführen. In Reihen von 5 x 5 Feldern konnte man dort die Bullshit-Wörter vorher notieren. Wann immer ein Bullshit-Wort vom Vortragenden verwendet wurde, machte man ein Kreuz bei dem betreffenden Wort. Wer horizontal, vertikal oder diagonal fünf Kreuze hatte, durfte aufstehen und laut „Bullshit!" rufen. Ja, die Idee des Bullshit-Bingos war ansteckend. Weitaus ansteckender als die Unwörter der Woche an die Tür zu kleben.

Ein Spiel wirkt ansteckend

Lauter Sachen zum Weitergeben

Grundsätzlich eignen sich Dinge, die nützlich sind, ebenso wie Dinge, die einfach nur funny sind, zur Weitergabe:

- Filme
- Flash-Animationen
- Spiele
- Rätsel
- E-Books
- Hörbücher
- Musikfiles
- PDF-Dokumente
- Gutscheine
- Einladungen

Schlechter Geschmack gewinnt immer?

Alles, was extrem ist, die Grenzen des guten oder schlechten Geschmacks berührt, an offenkundigen oder vermeintlichen Tabus rüttelt, hat durchaus größere Chancen beachtet und weitergereicht zu werden. Aber für den Marketeaser ist es wichtig zu wissen, was er tut. Es ist einfach, durch einen Skandal Aufmerksamkeit zu erringen, aber völlig sinnlos, wenn diese Aufmerksamkeit nicht dazu führt, dass die dahinter stehenden Botschaften transportiert werden. Vor kurzem ließ sich Richard Branson in einer wagemutigen Werbeaktion nackt – nein, in einem Adams-Overall – von einem New Yorker Hochhaus abseilen. Natürlich blieben ein paar verdutzte Passanten stehen und nahmen bereitwillig die verteilten Flyer an. Natürlich gab es dazu einen kurzen Bericht im Lokalfernsehen. Aber was wollte uns diese Aktion sagen?

Wenn Old School-Werber die Methoden des viralen Marketings übernehmen, kommt häufig bloßes Effektgeheische dabei heraus. Denn in der Old School-Welt zählen Aufmerksamkeit und Bekanntheit mehr als Inhalte. Als Marketeaser erreichen Sie lieber eine kleine Gruppe und transportieren die richtigen Inhalte. Denn es kommt Ihnen darauf an, mehr als Aufmerksamkeit zu erringen. Sie wollen verstanden werden. Sie wollen, dass man Ihre Botschaft weitergibt.

Weniger ist mehr

Vielleicht ist in den letzten Jahren der Eindruck entstanden, Viralmarketing sei die Verbreitung lustiger oder gewagter Filmchen. In Wahrheit geht es darum, seine Inhalte ins Gespräch der Kunden zu bringen, und das möglichst langfristig.

Marketease

◆ **Wann wissen Sie, dass Sie eine ansteckende Botschaft haben? Wenn sich die ersten damit infiziert haben.**

Wie bringt man ansteckende Botschaften in Umlauf?

Dem Ausbringen/Aussetzen der Botschaften kommt eine entscheidende Rolle zu, wenn es darum geht, die Möglichkeiten einer epidemischen Ausbreitung zu erhöhen. Ein Schnupfenvirus hat einfach bessere Chancen sich massenhaft zu verbreiten, wenn er in einer überfüllten Berliner S-Bahn ausgebracht wird als in einer vierköpfigen Expedition in der Sahara.

Direktes und indirektes Aussetzen der Botschaft

Die Seeding-Phase

Ihre Botschaften sollen sich epidemieartig verbreiten? Dann kommt es darauf an, wie Sie den Virus aussetzen. In einer solchen, von Viralmarketingexperten „Seeding" genannten Phase, kommen sowohl direkte als auch indirekte Methoden in Betracht, eine Botschaft „auszusetzen".

Direkt:
„one to one"

- Freunde
- Geschäftspartner
- Mitarbeiter
- Kunden
- Kauf-/Mietadressen
- Blogger
- E-Mail
- Werbebrief
- SMS
- Callcenter

Indirekt:
„one to some"

- Foren
- Portale
- Chatrooms
- Websites
- Netzwerke
- Verpackungen
- Produkte

Indirekt:
„one to many"

- Klassische Werbung
- PR
- Point-of-Sale-Informationen

Im Netzwerk starten

Der Trick ist, in einem kleinen, homogenen, aber eng verknüpften Netzwerk zu starten. Wissen Sie, wo die gewaltige Welle rund um den Film „The Blair Witch Project" gestartet ist? In der Subkultur von eingefleischten Horrorfilmfreaks, Cineasten und Internetjunkies. Solange Nachrichten innerhalb geschlossener Netzwerke ausgetauscht werden, haben sie den Status von Insiderwissen. Das macht sie für die Weitergabe innerhalb des Netzwerkes interessanter.

Der Autor Gerd Scherm versandte von seinem Roman „Der Nomadengott“ keine Rezensionsexemplare an die deutschen Feuilletonredakteure, sondern machte sein in Ägypten spielendes Buch unter Ägyptenfans und deren Websites bekannt. Dabei erhielt er eine Vielzahl von begeisterten Leserkommentaren und so viel Bestellungen, dass sein Buch schon als Erfolgstitel in den ersten Feuilletons ankam.

Die Regel der 150

Malcolm Gladwell beschreibt in seinem Buch „The Tipping Point“ wie kleine Netzwerke mit einem starken Zusammengehörigkeitsgefühl die Kraft haben, Epidemien auszulösen. Solche Gruppen können Vereine sein, Abteilungen eines Unternehmens, Basketballmannschaften, Blogger oder Buchclubs. Er geht einen Schritt weiter und will herausgefunden haben, welche Gruppen tatsächlich am effektivsten sind. Nach Malcolm Gladwell sind Gruppen, die 150 Personen umfassen die, welche die stärksten Ausstrahlungseffekte für eine ansteckende Botschaft bieten. Diese 150er-Regel entdeckte er in vielen Organisationsformen des menschlichen Lebens. So bildete bei der Religionsgemeinschaft der Hutterer jeweils eine Gruppe von 150 Menschen eine Gemeinde. In solchen Gruppen sind die Menschen untereinander näher und die Kommunikation ist weitaus intensiver. Auch das sehr erfolgreiche Unternehmen Gore hat diese 150er-Regel für sich entdeckt. Sobald eine Einheit des Unternehmens über die magische Zahl der 150 Mitarbeiter wächst, beginnt man mit dem Bau einer neuen Einheit.

Starke Ausstrahlungseffekte

Aber ist es nicht besser, gleich an mehreren Stellen mit dem Aussetzen des Virus zu beginnen? Eher nein. Denn offensichtlich verbreiten sich Botschaften erst innerhalb geschlossener Netzwerke, bevor sie auf andere überschwappen. Im Falle von „The Blair Witch Project“ hieß dies: Der erstaunliche Erfolg innerhalb der Filmfreaks machte erst das Netzwerk der Medienvertreter hellhörig.

Die gläserne Klotür und andere Ostereier

Auf der Hitliste bemerkenswerter Dinge stehen die Ostereier ganz oben. Warum die so heißen? Na weil Ostereier immer so gut versteckt sind. Ostereierprogrammierer machten sich schon vor vielen Jahren den Spaß in Anwendungsprogrammen, wie Excel oder Word, Spiele zu verstecken, die man durch ungewöhnliche Tastaturbefehle zufällig entdeckt. Natürlich machen solche zufälligen Entdeckungen dann schnell die Runde. Das Erfolgreiche an der Methode ist, dass Ihre Kunden die Ostereier selber entdecken können.

Eines dieser Ostereier habe ich zufällig in meinem Haus entdeckt. Seit Jahren vermieten wir eine kleine Ferienwohnung, die zuvor als Partyraum unserer Söhne diente. Als die Partylust nachließ, renovierten wir das Ganze und bauten alles zu einer funktionellen und vor allem gemütlichen Ferienwohnung um. Wir hängten Bilder auf, statteten die Wohnung mit einem alten Bauernschrank, einer modernen Küche und freundlichen Korbmöbeln aus. Aber wir vergaßen, die motorbetriebene, funkelnde Diskokugel abzuhängen. Zum Glück. Sie ist so ein Osterei, das manche Gäste erst dann entdecken, wenn sie abends den Lichtschalter drücken. Bei Nachfragen hören wir jetzt häufig: „Das ist doch die Wohnung mit der Diskokugel, stimmt's?" Stimmt.

Fündig wird man auch, wenn man sich in dem Konstanzer Café Voglhaus aufs Klo begibt. Das mit mehreren Preisen ausgezeichnete innovative Café-Konzept ist wegen der Atmosphäre, der stimmigen Dekoration und der Qualität der angebotenen Kaffee- und Teesorten einen Besuch wert. Für Mundpropaganda ohne Ende sorgen aber die Toiletten. So überrascht die Herrentoilette mit Dschungelatmosphäre und einem kleinen plätschernden Wasserfall anstatt des üblichen Keramikbeckens als Pissoir. Die Damentoilette ist seltsamerweise mit einer durchsichtigen Glastür verschlossen. Erst Platz nehmen und die Türe schließen, dann stellt sich die gewohnte Diskretion ein und die Glastür wird milchig.

Mundpropaganda ohne Ende

Machen Sie sich die Mühe, in Ihrem Angebot kleine Osterüberraschungseier zu verstecken. Aber merken Sie sich eines: Über Ostereier sprechen die glücklichen Finder. Nie der, der sie versteckt hat. Sie gehören zu den Werbebotschaften, die niemals vom Unternehmen selbst verbreitet werden. Sonst verlieren sie den besonderen Reiz des Zufällig-entdeckt-werdens.

Die Überträger

Wer Mundpropaganda nicht dem Zufall überlassen will, muss auch die möglichen Überträger unter die Lupe nehmen: die Menschen, die Ihre Botschaft weitergeben sollen. In den wenigen Jahren, in denen gehäuft Bücher zum Thema Mundpropaganda erschienen sind, haben diese Überträger zahlreiche Namen erhalten: Influentials, Konnektoren, Multiplikatoren, Hubs und Mega-Hubs und manchmal auch Alphamännchen. Egal wie diese benannt werden, die Eigenschaften, die sie mitbringen sollten, um ideale Überträger zu sein, sind einfach und einleuchtend:

- **Sie müssen kommunikativ sein,**
- **Sie haben viele Kontakte,**
- **Sie haben die richtigen Kontakte,**
- **Sie sind überzeugend.**

Überträger finden, aber wie?

Die richtige Antwort lautet: Sie finden keine Überträger. Die Überträger finden Sie! Die Firma Jones Soda, die in diesem Buch immer wieder eine Rolle spielt, weil sie es verstanden hat, ihre Kunden in die Produktgestaltung mit einzubeziehen, kann davon einiges berichten. Die Methoden der Old School-Werber, nämlich Zielgruppen zu definieren, diese mit Werbung zu bombardieren und dann zu hoffen, dass diese zu Käufern werden, funktionieren bei der Entwicklung von Mundpropaganda nicht. So motiviert man niemanden. Denn die Menschen entscheiden selbst, worüber sie mit anderen sprechen wollen. Sie entscheiden selbst, ob sie zu Überträgern werden. Und im Gegensatz zu den Versprechungen anderer Marketingberater behaupte ich: Niemand sieht den Leuten vorher an, ob sie geeignete Überträger sind. Sie müssen sich von selbst zu erkennen geben.

Überträger entscheiden selbst

Die ersten Überträger stecken in Ihren eigenen Netzwerken. In Ihrer Familie, im Freundeskreis, unter Ihren Mitarbeitern, Kunden und Geschäftspartnern sind jede Menge Überträger. Natürlich auch unter den potenziellen Käufern oder Anwendern Ihrer Produkte und Dienstleistungen.

Eine der meistbeachteten Mundpropaganda-Kampagnen, nämlich die rund um die Website „Subservient Chicken" von Burger King, wurde 396 Millionen Mal angeklickt. Gestartet wurde sie mit einer E-Mail an 20 Freunde der Agentur, die sich die Kampagne ausgedacht hatte.

Die legendären Post-its waren als Produktidee schon nahezu gestorben. Sie hatten auf zig Testmärkten versagt. Bis die Firma 3 M auf die Idee kam, die kleinen gelben Haftzettel als kostenlose Warenproben an die Chefsekretärinnen der Top 500 Unternehmen in

USA zu senden. Gerade kleine Netzwerke können also „Empfehlungsepidemien" auslösen.

Die wichtigen Netzwerke identifizieren

Am leichtesten fällt Ihnen das, wenn Sie selbst Teil von Netzwerken sind oder ihnen früher angehört haben. Im Jugendmarketing geht ohne die Fähigkeit, die wichtigen Netzwerke zu identifizieren und zu infizieren, überhaupt nichts: das Marketing für Pokemon, Fubu, Carhartt oder Nintendo funktioniert fast ausschließlich über Peer-to-Peer-Methoden. Meinungsführer in den Netzwerken oder Subkulturen transportieren die Markenbotschaft – Massenmarketing erreicht die potenziellen Käufer gar nicht oder würde zur Ablehnung der Marke führen, anstatt sie attraktiv zu machen.

Wenn Sie sich in Netzwerken auf die Suche nach Überträgern begeben, gehen Sie am besten so vor:

1. Zuhören
2. Teilnehmen
3. Identifizieren
4. Einladen
5. Einbeziehen
6. Belohnen

Systematisches Monitoring

Zuhören. Viele Unternehmen wissen nicht, was über sie gesprochen wird. Ein systematisches Monitoring der Gespräche, die im Web über Sie geführt werden, ist ein erster Schritt in die richtige Richtung. Die Google Blog-Suche ermöglicht es Ihnen, anhand von Suchbegriffen blitzschnell zu ermitteln, was über Sie gesprochen wird. Bislang gibt es nur wenige Unternehmen, die diese Gespräche systematisch beobachten und noch wenigere, die an diesen teilnehmen.

Teilnehmen. Die amerikanische Hotelkette Starwood, zu der unter anderem die Sheraton Hotels St. Regis und Westin gehören, hat einen Mitarbeiter einzig und allein damit beschäftigt, in Online-Foren und Communities mit den Kunden in Dialog zu treten. Seine Aufgabe ist es, wann immer negative Berichte über eines der Hotels gepostet werden, mit dem unzufriedenen Gast Kontakt aufzunehmen und ihm eine Lösung anzubieten. In der Onlineszene ist er als „Starwood Lurker" bestens bekannt. Schon von seinem ersten Posting an reagierten die Mitglieder von Online-Portalen positiv darauf, dass die Starwood Hotels auf diese Weise versuchen, die Kundenzufriedenheit weiter zu erhöhen. Inzwischen sind auch andere Hotelketten dem Beispiel gefolgt und gehen Beschwerden, die online gepostet werden, sofort nach. Eine dringende Bitte: Machen

Sie nicht den Fehler, unter Decknamen Ihre Herkunft zu verheimlichen. Geben Sie klar zu erkennen, in welcher Mission Sie unterwegs sind. Einen kritischen Punkt gibt es: Der Teilnehmer muss die Kommunikationsregeln der Gemeinschaft beherrschen, deren Mitglied er werden will. Wer jemals einem Forum beitrat, ohne dessen Regeln zu kennen, weiß, welche wütenden Proteste er auf sich ziehen kann. Sorgen Sie also dafür, dass der Teilnehmer die Verhaltensregeln kennt.

Identifizieren. Nehmen Sie persönliche Kontakte zu den Menschen auf, die über Sie sprechen. Der Starwood Lurker beschränkt sich nicht auf den Dialog im Online-Forum, sondern tauscht sich auch über E-Mails aus. Neben Kritikern entdecken Sie auf diese Weise aber auch Fans, zu denen Sie Beziehungen knüpfen können.

Gemeinsame Aktivitäten

Einladen. Laden Sie die möglichen Überträger zu gemeinsamen Aktivitäten ein. Laden Sie sie ein, ihre Meinung, ihr Feedback kundzutun. Wechseln Sie vom passiven Zuhörer in die Rolle des aktiven. Wie viele andere auch hat O2 Blogger als Überträger entdeckt und lädt sie ein, neue Handys zu testen – so geschehen bei der Produkteinführung des Smartphones Palm Pre im Oktober 2009.

Einbeziehen. Der Sportartikelhersteller Adidas entwickelt inzwischen Produkte gemeinsam mit seinen Kunden. Startpunkt war die Website „my adidas", auf der Freizeitkicker ihre Fußballschuhe auf den Fußtyp, ihren Spieltyp und persönliche Vorlieben zusammenstellen konnten. Aus dem ersten Versuch einer individuelleren Schuhkonfiguration wurde ein Projekt, das die aktivsten und interessiertesten Teilnehmer der Website nun zu gemeinsamen Entwicklungsprojekten einlädt. Auch die Sportartikelbranche hat die Beta-Tester entdeckt!

Belohnen. Für die meisten, die freiwillig an Ihren Projekten teilnehmen und sich zu Überträgern machen, ist die enge Beziehung zu Ihrem Unternehmen die größte Belohnung. Solche Gemeinschaftserlebnisse wie sie gemeinsame Projekte oder Events bieten, sind vermutlich die einzig sinnvolle Form der Belohnung. Materielle Belohnungen oder Anreizsysteme sind eher kontraproduktiv. Denn die Glaubwürdigkeit der Überträger leidet erheblich, wenn sich diese irgendwann als bezahlte „Propagandisten" entpuppen. Sponsorship ist dagegen akzeptiert. Fördern Sie Ereignisse und Aktivitäten, die Ihren Überträgern wichtig sind.

Die Clubs der vereinten Überträger

Die fünfte Kolonne von Procter & Gamble

Procter & Gamble, die Mutter aller Pringles, hat von teuren TV-Spots die Nase voll. Sie schickt seit 2003 eine neue Waffe in den Krieg um den amerikanischen Verbraucher: eine Verkaufsarmee aus 260.000 Kindern und Jugendlichen. Die sollen jetzt Werbebotschaften weitertragen.

„Beeinflusst du gerne deine Freunde? Hören deine Freunde auf dich? Willst du VIP-Tickets für Ladeneröffnungen? Willst du Musik schon vor dem Verkaufsstart hören? Willst du mithelfen einen Film zu machen? Willst du neue Produkte als Erster ausprobieren?"

Mit solchen Fragen werden Kids und Teens auf der bunten Website der Firma Tremor, einer eigens gegründeten Procter & Gamble Tochter, geködert, gemustert und bei Eignung in die Tremor Crew aufgenommen. Ihre Aufgabe: mitzuhelfen, dass sich Werbebotschaften in Windeseile verbreiten, Produkte schneller eingeführt werden und die Absatzzahlen nach oben schnellen. Tremor-Kinder sollen frohe Werbebotschaften per Mund-zu-Mund-Werbung im Bekannten- und Freundeskreis weitertragen. Am besten in der Familie damit anfangen.

In der Familie anfangen

Procter & Gamble Markenmacher (u. a. Ariel, Pampers, Pringles, Bounty, Punica) sind vor allem scharf auf Kids. Denn Kinder reden bei nahezu allen Konsumentscheidungen in der Familie mit. Ob Papa Mercedes oder BMW fährt, hängt immer mehr davon ab, ob der Sprössling die Marke cool findet. „Willst Du zu einer Gruppe Leute gehören, auf die man hört?", fragen die Tremor-Leute. Da fühlt man sich als Jugendlicher ernst genommen und glaubt an persönlichen Einfluss. Wer soll da wen beeinflussen? „Große Konzerne hören auf dich", flüstern die Kid-Nepper weiter. In Wahrheit suchen sie megakommunikative Edel-Petzen.

Einmal pro Woche müssen sich die Werberekruten bei der Website des Unternehmens einloggen und sich die neuesten Informationen abholen. Zwei- bis dreimal im Monat erhalten die Kinder dann Post oder E-Mail. Sie sehen unveröffentlichte Werbespots oder hören Songs von Avril Lavigne. Und natürlich gibt es auch Warenproben.

Dabei suchen die Werber nicht irgendwelche Kids. Wichtig sind eine starke Persönlichkeit, ein großer Freundeskreis und dass

„deine Freunde auf dich hören". Konnektoren heißen diese Typen im neuen Marketingjargon. Also Teens, die Werbebotschaften sowohl online als auch im realen Leben an andere besonders gerne weitergeben.

Die Sache funktioniert so gut, dass sich die Procter & Gamble Leute mit Informationen bedeckt halten. Denn zum Trick gehört dazu, sich nicht als Opfer einer Werbekampagne zu fühlen. Fakt ist, dass bereits Pringles, Herbal Shampoos oder Cover Girl Lippenstifte mit der Mund-zu-Mund-Propaganda beworben wurden.

Tremor behauptet von sich, das Werkzeug der Mund-zu-Mund-Propaganda endlich verstanden und professionalisiert zu haben. Tremor hat seine Dienstleistung auch anderen interessierten Unternehmen geöffnet. So sind bereits AOL, Coca Cola, aber auch der Motorölhersteller Valvoline oder der Autohersteller Toyota auf den neuen Zug aufgesprungen und haben das Teenie-Netzwerk für sich genutzt.

trnd, Porbierpioniere und Konsumgöttinnen

Empfehlungen sind käuflich

Nach dem gleichen Muster arbeiten auch mehrere Unternehmen in Deutschland. Bei der Münchener Agentur trnd gibt es ein einfaches Preismodell. Dort können Sie laut Mediaunterlagen Empfehlungen kaufen – für 70 Cent das Stück. Die Empfehler stammen aus der Datenbank des Unternehmens. Rund 65.000 Menschen haben sich darin registrieren lassen, weil sie neue Produkte testen, probieren, bewerten und sich mit Freunden und Bekannten darüber austauschen wollen. Unter diesen Personen wählt trnd – je nach Unternehmen, Produkt und Zielsetzung – geeignete Teilnehmer aus, die als Multiplikatoren einer Mundpropaganda-Kampagne „arbeiten". Das Durchschnittsalter der trnd Teilnehmer liegt bei 30,8 Jahre. 62 % der Teilnehmer sind weiblich, 38 % männlich. Die trnd Mitglieder sind überdurchschnittlich im Web aktiv. 87 % nutzen zuhause den Computer mindestens einmal täglich, 58 % schreiben regelmäßig in Foren und 13 % schreiben ein eigenes Blog.

Die Teilnehmer der Kampagne erhalten Warenproben und Produktinformationen, die sie selbst testen und auch an Freunde und Bekannte weiterreichen können. Damit es mit den Empfehlungen auch wirklich klappt, werden die Tester durch persönliche Gespräche geschult. Über jede Empfehlung führen sie Buch – und geben die Informationen an trnd weiter.

Laut trnd regt jeder Teilnehmer der Kampagne 100 Gespräche an. Bei einer Teilnehmerzahl von 1.000 Personen kämen demnach bis zu 100.000 Produktempfehlungen zustande. Unterschieden wird allerdings zwischen den Gesprächen, die der aktive Teilnehmer selbst ausführt – man nennt dies die erste Generation von Gesprächen. Reden die so Angesprochenen wiederum mit anderen darüber, so nennt man dies die 2. Generation.

Abgerechnet werden die Gespräche der ersten Generation nach Messung bzw. Nachweis der Aktivitäten. Etwa 25 bis 40 Personen werden aktiv angesprochen. Die weiteren Gespräche lassen sich nun nicht mehr ermitteln, sondern werden nach Erfahrungswerten und Studien hochgerechnet. Demnach kommen in der 2. Generation rund weitere 60–75 Gespräche bzw. Empfehlungen zustande. Somit ergibt sich auch der Preis von 70.000 Euro für eine Kampagne mit 1.000 Teilnehmern, die nach trnd Angaben 100.000 Gespräche (Einzelpreis 0,70 Euro) über das Produkt des Auftraggebers führen. Beauftragt wurden derartige Kampagnen bereits von Frost, Dove, Wrigley und Osram.

70 Cent pro Empfehlung

Ähnliche Angebote machen auch die Firmen Probierpioniere *(http://www.probierpioniere.de)* und Konsumgöttinnen *(http://www.konsumgoettinnen.de)*. Sie alle nutzen ein einfaches und altbekanntes Marketeasing-Mittel: die Warenprobe. Besser als über Produkte zu reden ist es, sie den Leuten in die Hand zu geben und testen zu lassen. Der amerikanische Backpulverhersteller Wrigley machte bereits im Jahre 1916 den Kaugummi auf diese Weise bekannt. Er versandte an 1,5 Millionen Haushalte Gratis-Kaugummis, um das bis dato unbekannte Produkt einzuführen. Wie die Kaugummi-Erfolgsgeschichte ausging, ist Ihnen ja bekannt.

Bezahlte Mundpropaganda – geht das?

Einige Firmen, vorwiegend in den USA, versuchen dies gerade. Und lösen damit heftige Debatten aus, ob es ethisch vertretbar ist, als „bezahlter Botschafter" Freunden und Bekannten von bestimmten Produkten vorzuschwärmen. Ich habe dazu eine klare Meinung und die lautet: Es ist nicht vertretbar! In vielen europäischen Ländern wäre eine solche Praxis auch rechtlich bedenklich. Denn klärt der Botschafter nicht über seine Rolle auf, kann man durchaus von Täuschung und Irreführung des angesprochenen Konsumenten sprechen. Wichtiger scheint mir allerdings die Erkenntnis, dass es die meisten Menschen ohnehin ablehnen, sich für Empfehlungen im Bekanntenkreis bezahlen zu lassen.

Marketease

◆ **Überzeugung ist nicht käuflich.**

Die amerikanische Firma BZZAgents, die diese Praktiken anwendete und ihre BZZAgents mit Prämienpunkten bezahlte, die irgendwann in Produkte umgetauscht werden können, stellte fest, dass es wohl eher nicht funktioniert. Die Menschen, die sich als BZZAgents registrieren ließen, lösten ihre Prämienpunkte nicht ein. Nicht, weil die Prämien unattraktiv waren, sondern weil sie ihre Tätigkeit aus Spaß und Überzeugung machten und nicht, um dafür materiell entlohnt zu werden. Sie behielten das Recht für sich, ihre wahre Meinung zu äußern. Als es darum ging, für eine offensichtlich schlecht verarbeitete Kaffeemaschine Mundpropaganda zu machen, ließen sie es einfach sein, oder warnten sogar vor ihren schlechten Eigenschaften. Die Kaffeemaschine verliere Wasser und Dampf und produziere eine kaum schmeckende Brühe, war ihr Urteil.

Welche Rolle die Überträger spielen

Die Motive der Überträger

Als die New York Times für einen Artikel einige dieser BZZAgents interviewte, trat zutage, dass es vor allem persönliche Motive waren, die die Leute veranlassten Mundpropagandist zu werden.

- Mundpropaganda wird durch Boni, Rabatte, Prämien usw. kaum stimuliert,
- Empfehler/Überträger sind Überzeugungstäter,
- Übertragen und Überzeugen macht ihnen Spaß,
- Entscheidend sind auch soziale Motive: Kunden, die aktive Mundpropagandisten sind, erhalten dafür Anerkennung von Freunden oder tun dies, weil sie sich mit Gleichgesinnten austauschen wollen.

Überträger, frisch seziert

Es ist sinnvoll, einen genaueren Blick auf die verschiedenen Typen von Überträgern zu werfen.

Typ A: Der Berichterstatter

Berichterstatter gehören zu den glaubwürdigsten Mundpropagandisten. Denn jeder, der irgendwo einkauft, zum Essen geht, einen Film sieht oder ein Buch liest, wird nachher seine Meinung darüber zum Ausdruck bringen – wenn er eine Gelegenheit dazu erhält. Wenn ich mit meiner Frau ins Kino gehe, tauschen wir uns über den Film aus. Wenn wir nachher Freunde treffen, erzählen wir kurz darüber. Und wenn uns jemand fragt, was wir von diesem oder jenem halten oder in welcher Fahrschule unser Sohn den Führerschein gemacht hat, reden wir auch darüber. Mundpropaganda entsteht freiwillig, wir initiieren sie selbst. Und wir sind glaubwürdige Gesprächspartner, weil wir als Nutzer oder Kunden ein Urteil abgeben können. Um einen Klugschwätzer von jemand zu unterscheiden, der tatsächlich weiß wovon er redet, genügt im Alltag die oft entwaffnende Gegenfrage: „Hast du es selbst erlebt?“

Mundpropaganda entsteht freiwillig

Diese Beschreibung des Berichterstatters zeigt Ihnen, dass jeder Ihrer Kunden zu den Berichterstattern gehören kann. Und dass sein Urteil über Sie gute Chancen hat, gehört und ernst genommen zu werden.

Typ B: Der Multiplikator

In der Welt der Mundpropaganda gibt es auch Multiplikatoren. Sie haben nicht zwangsläufig Produkterfahrung, sind aber an den Nachrichten über Ihr Unternehmen und deren Weitergabe interessiert. Was sind das für Leute?

Professionelle Journalisten, Blogger ... oder andere, denen es Spaß macht News zu verteilen. Ob sich die Gespräche um einen Lippenstift, ein Musikvideo oder einen verrückten viralen Spot drehen – Multiplikatoren haben Spaß an der Kommunikation. Häufig verfügen diese Multiplikatoren über eine größere Vielzahl an Kontakten als andere Menschen. Weil Multiplikatoren manchmal die Produkterfahrung fehlt, geben sie die Nachricht oft ohne Wertung weiter. Ihr Job ist es Nachrichtenschleuder zu sein.

Wie aber, wenn die Kombination Multiplikator/Berichterstatter zusammentrifft? Das ergibt dann eine höchst einflussreiche Mischung. Etwa dann, wenn ein Blogger oder Journalist eine miserable oder bemerkenswert positive Produkterfahrung macht, und diese umgehend publiziert.

Typ C: Der Konnektor

Schlüsselpersonen oder Konnektoren helfen Ihnen beim Erschließen neuer Absatzwege, verschaffen Ihnen Zugang zu bestimmten Netzwerken etc. Ihre Aufgabe ist es, Sie mit einer bestimmten Gruppe von Menschen, einem Netzwerk oder einem Marktsegment zu verbinden. Es sind die Anführer in der Peer-Group; die Leute, die beim Kongress am Rednerpult stehen oder den einflussreichen Berufsverband führen. Auch die Prominenten wie Sportler, Film- oder Popmusikstars sind solche Konnektoren – etwa, wenn sie Ihre Produkte verwenden oder durch Product Placement damit in Verbindung gebracht werden. Kids lesen in Musikvideos oder aus Fotos ihrer Idole weit mehr Einkaufstipps heraus als ihre Eltern ahnen.

Sie haben Glück, wenn Sie für Ihr Unternehmen Überträger finden, die alle drei Funktionen innehaben. Skilehrer Toni aus Mayrhofen beispielsweise. Wenn er die Marke Völkl fährt und darüber in seinen Skikursen positiv berichtet, ist er höchst glaubwürdig, hat genügend Gelegenheit als Multiplikator zu dienen und fungiert darüber hinaus als Verbindungsmann zum Netzwerk seiner Skischüler.

Machen Sie den Überträgern keine Konkurrenz

Der größte Fehler, den Unternehmen begehen, ist es, den Überträgern Konkurrenz zu machen. Denn sobald eine Nachricht an allen Ecken und Enden gehört werden kann, lohnt sich für den Überträger die Mühe nicht mehr es weiterzugeben. Viele Unternehmen haben versucht, die erfolgreiche Kampagne für den Film „The Blair Witch Project" zu kopieren. Den wenigsten ist es gelungen. Hauptgrund ist, dass die Macher nicht ausschließlich auf Mundpropaganda vertrauten, sondern zeitgleich mit massiver Werbung einsetzten. Massenwerbung killt Mundpropaganda weitaus häufiger als dass sie sie stimulieren könnte.

Werbung kann tödlich sein

Die erfolgreichste Produkteinführung, die Pepsi Cola jemals machte, war die Einführung der Limonade Mountain Dew Code Red, der Mountain Dew Variante mit Kirschgeschmack. Mountain Dew Code Red ging ohne massive TV-Werbung an den Start. Allerdings eher unfreiwillig als geplant. Denn die geplanten TV-Spots wurden nicht rechtzeitig fertig. Um nicht länger warten zu müssen, entschloss sich Pepsi das Getränk auf einigen Märkten auch ohne die begleitende Werbung einzuführen – mit sensationellem Erfolg. Ein Glück für Unternehmen, dass manchmal auch was schief geht. Heute folgen zahlreiche andere Getränkehersteller dem Beispiel Produkte auf leise Art in den Markt einzuführen, weil sie damit die Kommunikation über das Produkt fördern und eine Nachfrage erzeugen, die von selber stetig wächst. So wurde Bionade zur Kultlimonade – ganz ohne Werbung. Die Erfolgsgeschichte wurde erst dann gestoppt, als sich ein verheerendes Old School Marketing im Unternehmen durchsetzte. Zu dessen Maßnahmen gehörte eine Preiserhöhung, die von vielen Vertriebspartner nicht akzeptiert wurde und eine klassische Werbekampagne, deren dümmliche Sprüche viele Fans vergraulte.

Die Macht der Umstände

Meinen Sie nicht, Sie könnten eine starke Mundpropaganda-Aktion unter Laborbedingungen züchten! Wie einen heimtückischen Virus, der die Abwehrkräfte in Nullkommanix überwindet. Denn die Umstände spielen eine entscheidende Rolle dabei, wie ansteckend eine Botschaft wirkt. Wenn es Ihnen gelingt, mit einem Produkt den Zeitgeist zu treffen, Themen, die in der Luft liegen aufzugreifen oder Sie bei bestimmten Gruppen einen fruchtbaren Nährboden finden, erhöhen sich die Chancen auf Ansteckungseffekte enorm.

Erhöhte Ansteckungseffekte

Zeitgeist/Trends. Trends sind ein prima Nährboden. Aber nur dann, wenn Sie zur richtigen Zeit aufspringen. Am besten sind Sie dran, wenn Sie die Fähigkeit haben, mögliche Trends vorauszusehen, wie Malcolm Gladwell in einem Interview mit Lambesis in Erfahrung brachte; der Werbeagentur, die großen Anteil daran hatte, dass „Airwalk“ über Jahre die In-Schuhe waren.

> „Lambesis wählte sehr ansteckende Trends aus, die noch in den Kinderschuhen steckten. In der Zeit, die die Agentur und die Firma brauchten, um die neue Werbekampagne und die dazugehörigen Schuhe zu entwickeln, hatte der Trend (wenn sie Glück hatten) den Mainstream erreicht.“

In anderen Worten, Lambesis ließ sich von sozialen Epidemien tragen und versuchte, „Airwalk“ mit jeder neuen Trendwelle, die durch die Jugendkultur lief, assoziativ zu verbinden.

> „Das Timing ist entscheidend“, sagt Gordon. „Man folgt den Trendsettern. Man guckt sich an, was sie machen. Man braucht ein Jahr, um

die Schuhe zu produzieren. Wenn das Jahr vorbei ist und der Trend der richtige Trend ist, erwischt man die Mainstream-Leute gerade im richtigen Augenblick." *(Malcolm Gladwell, Tipping Point, S. 244)*

Als sich im Jahre 2003 ein Haufen junger Mädchen als Party-Sixpack bei eBay versteigern wollte, mit dem Versprechen zu sechst mit einer Kiste Krombacher auf der Party aufzutauchen und Stimmung zu machen, erhielten sie mit einem Mal so viel Aufmerksamkeit, dass sie überlegten, einen Manager zu engagieren. Für 25.050 Euro ersteigerte der 23-jährige Markus Pfitzke, einer der Hauptaktionäre des Onlinebuchhändlers bol.de, die Rechte und schnappte sie damit rund 280 anderen Bietern weg. Die Eintrittskarten zur Party wurden exklusiv bei bol.de versteigert.

Für Pfitzke offenbar ein gutes Geschäft. Es sicherte ihm und seiner Party jede Menge Medienberichterstattung.

Pfitzke war schnell genug. Er konnte die entstehende Aufmerksamkeit für sich nutzen. Binnen weniger Tage tauchten bis zu 1.000 Nachahmer-Angebote des Party-Sixpacks auf. Für die interessierte sich keiner mehr.

Ereignisse. Großereignisse wie die Weltmeisterschaften und Olympischen Spiele, die Tour de France, Themen wie der neue iPod, die Vorstellung des neuen Harry Potter, TV-Angebote wie Big Brother, Germanys Next Topmodel oder DSDS – alles Anlässe, die zu einem bestimmten Zeitpunkt in aller Munde sind. Solange die Scheinwerfer an sind, haben Sie gute Gelegenheiten durch ein Anknüpfen an Trends und aktuelle Gesprächsthemen, Ihre eigenen Produkte und Dienstleistungen besser ins Licht zu setzen. Das Timing ist dabei entscheidend.

Das Timing entscheidet

So verblüffte der Solaranlagenhersteller Solarworld im November 2008 nicht nur die deutsche Börsenlandschaft, sondern ließ die deutsche Öffentlichkeit aufhorchen. Er kündigte an, die deutschen Opel Standorte übernehmen zu wollen und Opel zum ersten grünen Autokonzern zu machen. Obwohl das Angebot nicht so recht ernst genommen wurde, brachte es das Unternehmen in nahezu alle Tageszeitungen und sogar bis in die TV-Abendnachrichten. Zumindest ein riesiger PR-Coup war gelungen, dank der blitzschnellen Aktivität von Solarworld. Die hatten die gerade beginnende Berichterstattung über die drohende Pleite des Mutterkonzerns GM geschickt ausgenutzt.

Der Übersetzer Guido Keller landete gar einen Bestseller mit der Übersetzung der Samurai-Bibel „Hagakure". Warum? Weil er sein Buch zum Deutschland-Start des Jim Jarmusch Filmes „Ghost Dog" in die Buchläden brachte. Im Film spielte die Samurai Bibel eine wichtige Rolle. Das Buch, das „nur" im Selbstverlag erschienen war, verkaufte sich in kurzer Zeit 20.000 Mal und fand kurz darauf auch einen renommierten deutschen Verleger.

Der Mehrwert der Mundpropaganda

Botschaften, die per Mundpropaganda verbreitet werden, haben im Gegensatz zu Werbebotschaften einen Mehrwert, der nicht vom Unternehmen als Absender stammt. Der Mehrwert wird durch den Erzähler hinzugefügt.

Personalisiert und adaptiert

Darüber sollten sich Unternehmen eigentlich freuen können. Denn Inhalte, die Bestandteil von Mundpropaganda werden, sind in allen Fällen auf den Empfänger zugeschnitten und werden dann „angebracht", wenn es die Situation erlaubt. Im Gegensatz zu den Werbebotschaften der Old School-Werber ist dies weitaus wirksamer. Waren Old School-Werbebotschaften leider sehr häufig zur falschen Zeit am falschen Ort und beim falschen Empfänger, kann dies mit den persönlich überbrachten Mundpropaganda-Inhalten nicht mehr passieren. Hier werden vor allem Inhalte weitergegeben, von denen die Erzähler annehmen, dass es ihre Gegenüber auch interessiert.

Persönlich überbrachte Inhalte

Paraphrasiert und kommentiert

Die exakte und detailgetreue, bisweilen penible Ausarbeitung von Botschaften kann man sich bei Mundpropaganda sparen. Denn in kaum einem Fall gelingt es, einmal Gehörtes wörtlich nachzuerzählen. Stattdessen werden eigene Worte verwendet, werden Dinge hinzugefügt oder weggelassen. Kein Problem: Denn aus der vorgegebenen Markenbotschaft wird so eine individuell gefärbte Aussage, hinter der ein Mensch steht. Die Mundpropaganda-Botschaft wird dann besonders wertvoll für Werbetreibende, wenn sie mit dem Kommentar der Empfehlung ausgesprochen wird.

Hüten Sie sich davor cool zu sein

Wenn Sie sich im Netz nach dem Begriff Viralmarketing umsehen, treffen Sie vor allem auf eines: lustige Filme. Wobei einkalkuliert ist, dass die Filme nicht jeder lustig findet.

Als bei einem Spot für den Ford Ka eine unvorsichtige Katze sich dem elektrischen Schiebedach näherte und ihr der Kopf darin eingeklemmt wurde, fanden das wohl ein paar Zuseher lustig. Viele Tierliebhaber allerdings nicht.

So operieren die so genannten „Virals" immer am Rande des guten Geschmacks, oder längst jenseits davon. Sie erkennen dann unschwer: Da waren Old School-Werber am Werk. Denn viele, vor allem angelsächsische Agenturen, verstehen unter den „Viralen Ads" – oder kurz „Virals" – nur diese Form des viralen Marketings. Sie gehen davon aus, dass nichts wirksamer wäre als Filme. Klar, wer jahrelang nichts als Filme gemacht hat, kennt kein anderes Heilmittel. So kommt es zu der unerfreulichen Erscheinung, dass als „Virals" vor allem solche Machwerke im Netz kursieren, die man im TV nicht zeigt, weil sie in Deutschland die Programmbeiräte ablehnen und die Mehrheit der Zuseher sie als arme Verirrung abtun würden.

Aufmerksamkeit genügt nicht

Old School-Werber stört das nicht. Sie hängen der Auffassung an, das Aufmerksamkeit erregen das Wichtigste ist. Und was Mundpropaganda angeht, so sind sie der Meinung, dass jede gerade nützt. Ob positiv oder negativ, ist in deren kurzsichtiger Denke völlig egal. Werber, die virale Spots dieser Machart in Umlauf bringen, sind aufmerksamkeitsgeil. Und vernachlässigen dabei die Botschaft.

◆ **Achten Sie darauf, dass „Virals":**

- Kein Selbstzweck sind,
- Nicht für die Erhöhung des Bekanntheitsgrades, sondern für das Knüpfen von Beziehungen eingesetzt werden,
- Dazu genutzt werden eine einzige, einfache und klare Botschaft zu transportieren,
- Diese Botschaft mit Ihrem Unternehmen/Produkt in Zusammenhang bringen.

Mundpropaganda planen und steuern?

Mundpropaganda lebt

Old School-Werber stören sich daran, dass Mundpropaganda nicht planbar ist. Während die Schaltung einer Anzeige eine mögliche Kontaktzahl verspricht, ist es bei Mundpropaganda-Botschaften völlig offen, wie sehr sie sich weiterverbreiten. Auch die Tatsache, dass Mundpropaganda nicht als fertig designtes und unveränderbares Produkt die Werbekanäle durchschwimmt, ist den traditionellen Marketern ein Dorn im Auge. Auf der Habenseite steht allerdings die Chance, die Mundpropaganda mit sich bringt: Wenn Überträger motiviert sind, positiv über Sie zu sprechen, dann werden Botschaften kostenlos verteilt und mit dem Mehrwert der persönlichen Empfehlung ausgestattet. Ob sich eine Botschaft allerdings 20 Mal oder 20.0000 Mal verbreitet, ist schwer vorherzusagen. Gegenüber der traditionellen Werbung, die 10.000 Kontakte einkauft, aber aufgrund von Streuverlusten vielleicht nur 3 % ihrer Botschaften an den Mann bringt, bietet die Mundpropaganda erheblich bessere Aussichten. Aus einer Mail an 20 Menschen kann eine Verbreitung an 20 Millionen entstehen.

> „Mundpropaganda ist steuerbar, aber nicht planbar", sagt der deutsche Viralmarketingexperte und ehemalige Boss von Yello („Strom ist gelb"), *Prof. Dr. Michael Zerr.*

Wann immer eine Botschaft sich als weniger ansteckend erweist als erhofft, kann man diese zurücknehmen, verändern, an neue Überträger bringen und in anderen Netzwerken säen.

3.
Je näher desto besser. Marketeaser und der Kunde

◆

In diesem Kapitel erfahren Sie unter anderem:

Dass Sie herkömmliche Kundentypologien in den Papierkorb kicken können.
Dass Sie aufhören sollen gerecht zu sein.
Wie wichtig es ist, in Kreisen zu denken.
Dass manche Unternehmen sogar Fans haben.
Wie Sie Fans selber „herstellen“.

Der neue Wert der Kunden

Traurig aber wahr: In der Old School-Werbung sind Kunden unwichtig. Klingt komisch. Ist aber so. Denn in der Old School-Werbung ist alles darauf ausgerichtet Kunden zu gewinnen. Dafür gibt es Hochglanzprospekte, Promoterinnen, Messeauftritte, TV-Spots, Anzeigen, Direkt-Mailings und vieles mehr. Alles, um den Kunden zu bekommen. Und wenn er dann gewonnen ist, bricht die große Stille aus. Die Werber ziehen weiter.

Wer dann noch etwas von dem Unternehmen wissen will, dessen Produkte er gekauft hat, muss sich schon selber durchschlagen. Er bekommt es mit Telefonzentralen zu tun, die nie den richtigen Ansprechpartner finden. Er spricht mit Leuten, die sich nicht für zuständig erklären. Er hämmert auf die Tasten seines Telefons, weil die Computerstimme am anderen Ende der Leitung einen Befehl braucht. Schlimmer im Reparaturfall. Da droht die ganze Brut der outgesourcten Dienstleister über ihn herzufallen. Ein Service-Callcenter, das man kostenpflichtig anrufen muss. Ein Reparaturdienst, der als Subunternehmer seine Finger an die frisch gekaufte Waschmaschine legt und brühwarm erzählt, welche miserablen Teile darin verbaut sind. Und so weiter.

Die bittere Realität

Wer Kunde ist, hat die heile Welt der Werbeversprechungen hinter sich gelassen und ist in der bitteren Realität angekommen. Die Unternehmen, die einen vorher mit Werbebotschaften bombardiert haben, reden gar nicht mehr mit einem. Wie sollten sie auch? Die Etats, die zur Neukundengewinnung bzw. Kundenpflege eingesetzt werden, stehen in etwa im gleichen Verhältnis wie die Staatshaushalte von USA und Bangladesch.

„Halt!“, werden jetzt ein paar Old School-Werber einwenden. Es gibt doch Customer Relationship Manager, Rabattmarken und Kundenmagazine. Eben.

Jetzt wissen Sie wenigstens, was man in der Old School-Werbung unter Kommunikation mit dem Kunden versteht.

Willkommen in der Kundenkommunikation nach Marketeaser-Art. Das sind die Unterschiede:

- **Old School-Werber jagen ständig nach neuen Kunden,**
- **Old School-Werber investieren ihre Budgets in die Neukundengewinnung,**

- **Old School-Werber bevorzugen die unpersönliche Kommunikation über Massenmedien.**

- **Marketeaser binden die bestehenden Kunden intensiver an sich,**
- **Marketeaser investieren in die Kunden,**
- **Marketeaser kommunizieren direkt mit den Kunden.**

Kommunizieren Sie eigentlich richtig mit Ihren Kunden?

Kommunikation im Geschäft wird hierzulande mehr als lausig betrieben. Bei meinem Bäcker ist das Ganze auf ein Höchstmaß an geschäftsmäßiger Effizienz geschrumpft. Es ist ein bisschen so, als müsste man seine Einkaufswünsche vorher auswendig lernen, nur um nachher ja nicht den Betrieb aufzuhalten.

„Guten Tag. Ich hätte gerne drei Brötchen!"
„Kaisersemmeln, Schrippen, Milchwecken oder was?"
„Was ist denn der Unterschied?"
Keine Antwort.
„Die meisten nehmen Kaisersemmeln."
„Aha. Dann nehme ich die auch."
„Darf's sonst noch was sein? Macht vier-fünfzig."

Natürlich gibt es Ausnahmen. Oasen würde ich sie nennen. Beispielsweise mein Weinhändler, übrigens ein Jacques Weindepot. Nach der freundlichen Begrüßung werden ein paar Neuigkeiten ausgetauscht, die Weine stehen zum Probieren herum und bei Fragen zu dem einen oder anderen Wein gibt es neben einer kompetenten Antwort auch häufig ein persönliches Bekenntnis des Verkäufers. Manchmal stehen ein paar andere Kunden daneben und nehmen den Gesprächsfaden gleich auf. Welch ein Unterschied!

Persönliches Bekenntnis erwünscht

Der Unterschied ist auch, dass mein freundlicher Weinhändler gerade expandiert, die mürrische Bäckerin jedoch ihren Laden geschlossen hat. Nebenan hat ein Backshop aufgemacht, der auf mürrische Bäckereiangestellte ganz verzichtet. Es gibt Selbstbedienung. Da sind die Preise billiger und es wird einem nicht die Laune versaut.

„Der Verkaufsdialog darf nicht nur die klassischen Worte wie ‚Bitte' und ‚Danke' enthalten." *(Elliot Ettenberg)*

Was für einen kleinen Einzelhändler gilt, gilt in Deutschland in beinahe allen Branchen und bis hin zu den größten Unternehmen. Wer heute einen Handyvertrag besitzt, kennt es. Am Anfang wird er von einem verdammt gut aussehenden Promotiongirl angeflirtet, bei Reklamationen versucht man, ihm den Zugang zum Unternehmen ganz zu verbauen, indem man ihn mit einem Telefoncomputer verbindet, der erst durch mehrmaliges „Drücken Sie jetzt bitte die Eins" in die Gänge kommt. Ich schwör's. Irgendwann nehme ich die Ansagen auf und stelle die miesesten Ansager ins Netz.

Als Marketeaser wissen Sie: Ihre größte Chance ist es, mit Ihren Kunden Gespräche zu führen. Der Trend liegt nicht in der ständigen und rasanten Gewinnung neuer Kunden, von denen die Hälfte auf Grund Ihres schnellen Wachstums nicht richtig bedient werden kann und entnervt wieder abspringt. Der Trend liegt darin, den bestehenden Kunden zuzuhören, ihre Kaufabsichten kennen zu lernen, ihre Wünsche zu befriedigen, ihre Probleme wichtig zu nehmen und daraus ständiges Verbesserungspotenzial fürs eigene Unternehmen abzuleiten. Der Trend liegt auch darin, den Kunden Erfahrungen zu verschaffen, die sich von denen mit dem Wettbewerb meilenweit unterscheiden. Der Trend liegt darin, Erlebnisse mit den Kunden zu teilen. Und darin, dass die Kunden ihre Erlebnisse selbst zum Bestandteil von Gesprächen machen.

Erlebnisse teilen

- Gibt es Kommunikation mit Ihren Kunden nach dem Kauf?
- Welche Gesprächsanlässe gibt es außer Reklamationen und Rabatte, Mängelrügen oder Verkaufsgesprächen?
- Gibt es Kunden, die Sie weiterempfehlen?
- Erhalten Sie von Ihren Kunden Ideen und Verbesserungsvorschläge?
- Hat Ihr Unternehmen eigentlich Fans?

Schluss mit der Kommunikation über Massenmedien

Old School-Werber starten eine Kampagne immer in irgendeinem Massenmedium. Sie denken, es wäre eine prima Idee, ein paar Haushaltswurfsendungen zu verteilen, Plakate kleben zu lassen oder in der örtlichen Tageszeitung mit besonders großen Anzeigen aufzufallen. Sehr teuer. Erschreckend sinnlos. Marketeaser machen dabei zwei entscheidende Unterschiede:

Erstens: Sie wenden sich mit der Kommunikation vorrangig an die Menschen, die ihnen am nächsten stehen. An ihre Kunden. Warum? Weil die Menschen, die ihnen am nächsten stehen, das Recht haben, Informationen als Erste zu erhalten.

Marketease

◆ **Verwenden Sie anonyme Medien nur für anonyme Beziehungen! Verwenden Sie Kundenmedien für den Kontakt zum Kunden!**

Zweitens: Sie benutzen dafür nicht die Massenmedien, sondern die Medien, die Kunden auch benutzen. Die Kundenmedien.

◆ **Massenmedien:**
- Zeitungen
- Zeitschriften
- TV
- Radio

◆ **Kundenmedien:**
- Internet
- Handy
- Brief
- Telefon

Bloß nicht: Typisierungen statt Menschen

Old School-Werber nehmen keine echten Menschen ins Visier. Sie nennen Kunden Lieschen Müller oder einfach nur Uschi und Horst. Typen wie du und ich sollen es sein, typische Deutsche. Anstatt Menschen als Individuen zu identifizieren und entsprechend respektvoll zu behandeln, neigen Werbeleute dazu, die Menschen zu „schubladifizieren".

Solche Typisierungen sind die Überbleibsel aus dem Zeitalter der Massenmedien. Aber die erschreckende Vereinfachung grassiert noch immer unter Deutschlands Top-Kreativen. So präsentiert die Agentur Jung von Matt voller Stolz auf ihrer Homepage das „Wozi-Konfi". Ein Konferenzzimmer, in dem sie das typisch deutsche Wohnzimmer nachgebaut haben. Sabine und Thomas Müller wohnen darin, mit ihrem einzigen Kind Alexander. Zwischen Schrankwand und Telekom-Telefon, Fernsehzeitung und Fernbedienung, Zimmerefeu und Raufasertapete arbeitet die Agentur jetzt im durchschnittlichsten Ambiente, das man sich denken kann, neue Zielgruppenkonzepte aus. Wer es nicht glaubt – das soll tatsächlich Nähe und Einfühlungsvermögen in die Lebenswelten der umworbenen Kunden demonstrieren. Dabei zeigt es nur, wie man die Typisierung auf die Spitze treibt. Die Erkenntnis, dass Kunden heute

Typisch oder nicht?

vor allem Individuen sind, ist bei den Machern des Wozi-Konfis und deren Auftraggebern jedenfalls noch nicht angekommen. Dazu passt auch die Äußerung des Agenturchefs Remy von Matt, der Blogs als „Klowände des Internets“ apostrophierte und somit eigenes Unwissen und Respektlosigkeit gleichermaßen demonstrierte.

Ein solches Verhalten demonstriert noch etwas ganz anderes: den mangelnden Respekt, den man dem Kunden als Individuum entgegenbringt.

Respektieren Sie Ihre Kunden

Als Marketeaser lassen Sie die Finger von diesem Schubladendenken. Nehmen Sie Ihre Kunden ernst! Bringen Sie ihnen Respekt entgegen.

Kundensegmentierung nach Marketeaser-Art: Die Nähe entscheidet

Ich kann mich noch gut an die Zeiten erinnern als man Kunden charakterisierte nach A, B, C. A-Kunden waren diese, die am meisten Umsatz in die Kasse spülten. B-Kunden waren die mit den mittleren Umsätzen. Und C-Kunden waren die, die man am wenigsten gebrauchen konnte. Während ein A-Kunde für einen Jahresumsatz von 100.000,– verantwortlich war, brachte es ein C-Kunde vielleicht gerade mal auf 1.000,–.

Viele Vertriebsfragen drehten sich darum, wie man den Anteil der A-Kunden erhöhen und die C-Kunden möglichst ganz rausschmeißen könnte. Die Überlegungen waren ausschließlich an Umsatzzahlen orientiert. Ein Fehler. Denn unter den A-Kunden befanden sich etliche, die auf Grund eines bestimmten Projektes vielleicht nur kurzzeitig eine einmalige Beschaffungsabsicht realisierten. Sie kauften vielleicht viel, waren zufrieden, aber sie würden bestimmt nicht wieder kommen. Jeder hat solche A-Kunden. Wenn Sie heute ein Küchenstudio betreiben und im Jahr einen Kunden haben, der eine Einbauküche für über 60.000 Euro bei Ihnen bestellt, dann dürfen Sie diesen Kunden meinetwegen Tag und Nacht verwöhnen, weil er so viel Geld bei Ihnen gelassen hat. Aber sobald die Küche gekauft wurde, vergessen Sie ihn. Er wird sich 20 Jahre lang nicht mehr blicken lassen. Auch in meiner Werbeagentur gab es solche Kunden: Sie realisierten ein einmaliges CI-Projekt und dann war für fünf Jahre Ruhe.

Und die C-Kunden? Ich selbst bin so einer. Wann immer ich irgendetwas brauche, was mit Beleuchtung zu tun hat und über den Kauf einer 60 Watt Glühbirne hinausgeht, suche ich das kleine Fachgeschäft in meiner Kleinstadt auf. Vielleicht lasse ich jährlich etwa 25 Euro in diesem Laden liegen. Ein C-Kunde. Soll man mich deshalb rauswerfen? Nein. Denn ich kann dieses Geschäft allen, die sich in Baumärkten nach bestimmten Spezialglühbirnen, Fassungen, Sockeln oder anderem umsehen, nur raten, sich die Sucherei an scheinbar endlos langen Regalreihen zu sparen und sich das gewünschte Produkt vom Fachmann über den Tresen reichen zu lassen. Er hat es. Jedenfalls war es in letzten 15 Jahren immer so.

Obwohl ich in dem Laden nur ganz bescheidene Summen ausgebe, bin ich von der Kompetenz und dem Sortiment des Inhabers begeistert. Und ich empfehle ihn aktiv weiter.

Marketease

- **Differenzieren Sie Ihre Kunden nach dem Grad der Beziehung, die sie zu Ihrem Unternehmen haben.**

Intensität entscheidet alles

Wenn Methoden zur Charakterisierung von Kunden oder deren Effizienz eingesetzt werden, fördern sie eines nicht zutage: Alle Zahlen enthüllen nicht den Intensitätsgrad der Beziehung, den die Kunden zu Ihnen haben. Sie verraten Ihnen nichts darüber, welche Kunden Ihnen positiv, begeistert oder gar negativ gegenüberstehen. Sie verraten Ihnen nicht, welche Kunden kommunikativer sind als andere. Und im Übrigen enthüllen sie auch nicht die Tatsache, dass einer Ihrer kleinsten Privatkunden Inhaber eines angesehenen Unternehmens ist, der demnächst einen Großauftrag vergeben möchte.

Weg mit den ABC-Kunden – her mit der Beziehungsanalyse

Das neue Schema ist ganz einfach. Schreiben Sie alle Kunden auf, die Ihnen am nächsten stehen. Und zwar spontan. An welche Kunden erinnern Sie sich, wenn Sie nun aus dem Stegreif zehn aufzählen sollen (lassen Sie in diesem Fall die Reklamationen weg!)? Wer kommt besonders häufig zu Ihnen? Wer kauft regelmäßig oder schon seit Jahren bei Ihnen ein? Mit wem führen Sie längere Gespräche? Mit wem plaudert es sich besonders nett? Lassen Sie diese Fragen von denjenigen in Ihrem Unternehmen beantworten, die mit dem Kunden in Kontakt stehen – wenn Sie als Unternehmer nicht im Verkauf tätig sind, lassen Sie Ihre Vertriebsmannschaft den Fragenkatalog bearbeiten. Anstatt die Kunden nun in einzelne

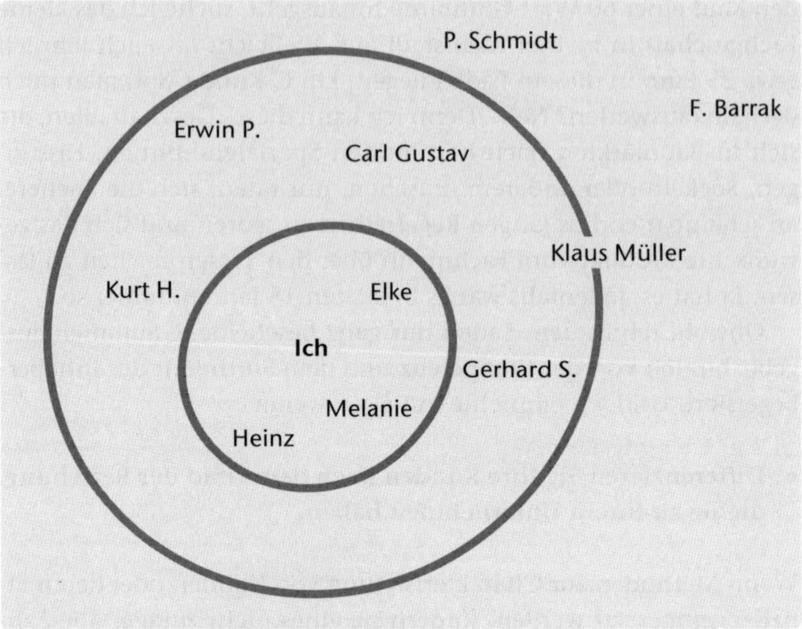

Abbildung 3: **Im Kundenkreis können Sie visualisieren, welche Kunden Ihnen am nächsten stehen**

Segmente zu stecken, malen Sie sich lieber einen Kreis: den Kundenkreis. Ihre Kunden sind kleine Pünktchen, die Sie mehr oder weniger weit von sich entfernt platzieren (siehe Abbildung 3).

Sie werden feststellen, dass Sie die Ihnen am nächsten stehenden vermutlich am besten kennen. Mit einigen sind sie sogar befreundet. Von anderen kennen Sie spontan den Namen. Bei anderen wiederum macht es Ihnen Mühe, sich detailliert zu erinnern – sie stehen weiter entfernt als alle anderen. Sie können die Grade der Entfernung unendlich differenzieren, indem Sie mehr und mehr Kreise um Ihre Mitte zeichnen und damit entscheiden, welche Abstufungen Sie dieser Untersuchung geben wollen.

Für das weitere Vorgehen sind nur drei Kreise entscheidend. Diejenigen, die Sie um Fans, Stammkunden und Kunden ziehen.

Differenzieren Sie nicht nach A, B, C sondern nach K, S, F:

- K = Kunde
- S = Stammkunde
- F = Fan

Die neue Segmentierung ist für Sie von größter Bedeutung: Denn mit Ihrem Kommunikationskonzept müssen Sie nun auf die unterschiedlichen Bedürfnisse dieser drei Kundengruppen reagieren. Über ein

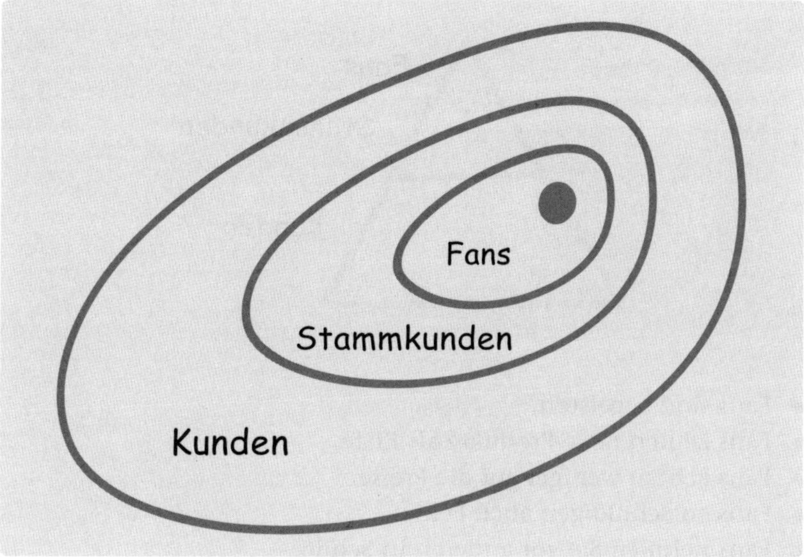

Abbildung 4:
Segmentieren Sie nach Kunden, Stammkunden, Fans

schrittweises Vorgehen können Sie dafür sorgen, dass Sie mehr Kunden zu Stammkunden machen und mehr Stammkunden zu Fans. Vor allem müssen Sie das nicht allein tun: Die Stammkunden und Fans helfen Ihnen bei der Umsetzung. Doch welche unterschiedlichen Verhaltensweisen legen die drei Kundengruppen an den Tag?

◆ **Kunden**
- Kaufen gelegentlich bei Ihnen ein,
- Haben keinerlei Bindung an Ihr Unternehmen,
- Sind preissensibel.

◆ **Stammkunden**
- Stammkunden kaufen häufiger und regelmäßiger bei Ihnen ein,
- Stammkunden interessieren sich für neue Produkte und Dienstleistungen Ihres Unternehmens,
- Stammkunden sind anspruchsvoll,
- Stammkunden sind weniger preissensibel,
- Stammkunden sehen über kleine Fehler hinweg,
- Stammkunden empfehlen Sie weiter.

◆ **Fans**
- Fans gehören zu Ihren besten Kunden,
- Fans interessieren sich für nahezu alle Aspekte des Produkts und Unternehmens,

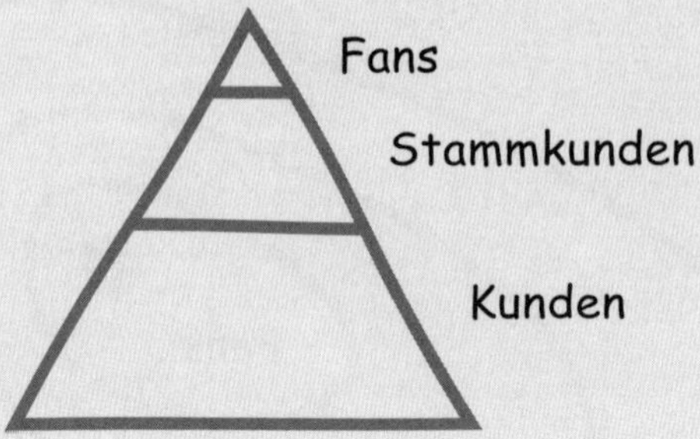

Abbildung 5:
Die emotionale Pyramide

- Fans sind begeistert,
- Fans kaufen neue Produkte als Erste,
- Fans achten weniger auf die Preise,
- Fans entschuldigen auch Fehler,
- Fans nehmen Sie vor anderen in Schutz,
- Fans empfehlen Sie weiter.

Ihren Kunden gebührt ein anderes Verhalten als Ihren Nichtkunden gegenüber. Ein Stammkunde muss anders behandelt werden als einer der gelegentlich kauft. Und für die Fans unter Ihren Kunden müssen Sie sich was ganz Besonderes einfallen lassen. Das mag auf den ersten Blick verwunderlich erscheinen. Hat nicht jeder Kunde Anspruch auf die gleich gute Behandlung? Nein! Jeder Kunde hat den Anspruch auf eine gute Behandlung. Aber einige haben den Anspruch, bevorzugt behandelt zu werden.

Marketease

◆ **Hören Sie auf gerecht zu sein. Behandeln Sie nicht alle gleich!**

Das Problem ist, wenn Sie alle gleich behandeln, wird sich niemand als etwas Besonderes fühlen.

Der wichtigste Unterschied, den Sie machen können, liegt in der Information. Je intensiver die Beziehung zu einem Kunden Ihres Unternehmens ist, desto näher rückt er dem inneren Zirkel. Je näher er Ihnen ist, desto mehr Anspruch auf Information hat er.

Marketease

◆ **Seien Sie loyal zu Ihren Kunden, dann sind es die Kunden zu Ihnen.**

Unternehmen sorgen sich um die abnehmende Loyalität der Kunden. Sie haben sich allerdings noch nie gefragt, wie loyal sie ihren Kunden gegenüber sind. Die Antwort darauf: Nämlich gar nicht. Oder haben Sie je den Anspruch von Unternehmen an sich selbst gehört, gegenüber den Kunden loyal zu sein? Im Gegenteil: Neukunden werden fast überall gegenüber den langjährigen Stammkunden bevorzugt.

- Für die Gewinnung von Neukunden wird weitaus mehr Geld ausgegeben als für die Pflege der bestehenden Kunden,
- Markenwechsler werden mit besonders attraktiven Angeboten geködert,
- Neukunden erhalten Gratisangebote oder Prämiengeschenke.

Meine Tageszeitung, der Südkurier, hatte sich zur Steigerung der Abozahlen eine Aktion einfallen lassen, jeden Donnerstag an alle Haushalte die Zeitung kostenlos zu verteilen. Allerdings galt diese über mehrere Wochen laufende Aktion nicht für bereits bestehende Abonnenten. Denen hätte man zumindest eine Gutschrift erstellen sollen. So bleibt der fade Geschmack, als Abonnent eine Aktion zu finanzieren, die anderen zugute kommt. Wenn Sie wissen wollen, wie loyal Sie zu Ihren Kunden sind, stellen Sie sich einfach mal die folgenden Fragen:

Kunden finanzieren Neukunden

- Kennen Sie die Bedürfnisse Ihrer Stammkunden?
- Belohnen Sie langjährige Kundentreue?
- Bedienen Sie Stammkunden schneller?
- Gibt es Extra-Services für treue Kunden?

Der Gastronomieexperte Prof. Axel Gruner hat eine Untersuchung zur Markenloyalität von Hotelgästen durchgeführt und darin festgehalten, wie Kundenloyalität dem Unternehmen nützt. So hat ein Hotel, das auf loyale Kunden bauen kann, folgende Vorteile:

> „Es muss weniger Geld für die Gewinnung neuer Gäste ausgegeben werden;
> Kunden gewöhnen sich an das Angebot des Unternehmens und kaufen mehr;
> Die Kenntnis individueller Gästewünsche führt zu Zeit- und Kostenreduktion;
> Lang andauernde Kundenbeziehungen führen zu einer schwindenden Preissensibilität;

Begeisterte Kunden werden zu „Predigern" bzw. „Fürsprechern" des Unternehmens. Sie empfehlen den Beherbergungsbetrieb Freunden und Bekannten;

Langwährende Gästebeziehungen entwickeln sich zu Partnerschaften. Loyale Gäste sind fordernde Gäste. Da sie eine lange Geschäftsbeziehung anstreben, fordern sie hervorragende Resultate, geben Ratschläge und beschweren sich, wenn die Unternehmensleistung nicht ihren Bedürfnissen gerecht wird. Dies führt zu einem kontinuierlichen Verbesserungsprozess der unternehmerischen Leistung." *(Zitat aus http://www.abseits.de/hotel_marken.html)*

Beziehung? Fehlanzeige. Die meisten Old School-Werber verspüren nicht mal den Wunsch danach.

Wie Sie mehr Nähe zu Ihren Kunden herstellen

Verringern Sie die Distanz!

Menschen sprechen mit Menschen

Unternehmen haben sich als eigenständige Konstrukte in unseren Köpfen breit gemacht. Mitarbeiter werden angehalten nicht mehr ich, sondern wir zu sagen. Je größer Unternehmen sind, desto mehr sind sie vom persönlichen Ton abgerückt. Und dennoch: In der Kommunikation sprechen Menschen mit Menschen. Welche Möglichkeiten haben Sie Distanz zu verringern? Eine ganze Menge. Gehen Sie die folgenden Möglichkeiten einfach mal durch.

Machen Sie sich nicht wichtig!

Was steht auf Ihrer Visitenkarte? Wahrscheinlich Ihr Name, ein Titel und Ihre Funktionsbezeichnung. Meist die Stellung in der Hierarchie. Kunden interessieren sich aber nicht besonders brennend für Ihre Rangstellung in der unternehmensinternen Hackordnung. Trotzdem sind Visitenkarten offensichtlich eher dazu gemacht, diese feinen internen Abstufungen auf Papier festzuhalten. Falsch! Visitenkarten sind Kommunikationsmittel nach außen. Visitenkarten können eine Kommunikation anleiten oder gleich im Keim ersticken. Neulich erhielt ich von einem großen Automobilhersteller eine Karte einer Mitarbeiterin, die folgenden Titel trug: Customer Relationship Manager. Zum Glück konnte ich das übersetzen. Aber nur, weil ich mich mit Managementliteratur voll stopfe wie andere mit Schokolade. Erwarten Sie nicht, dass die anderen 99% der Empfänger einer solchen Karte das gleiche tun. Sie werden den Kopf schütteln über die kryptische Bezeichnung. Und nicht wissen, wozu das gut sein soll. Wie wär's mit einer Visitenkarte, auf der Sie Ihre internen Bezeichnungen durch klare Worte ersetzen? Oder ganz einfach sagen: Silvia Müller – ich bin für Sie da.

Zeigen Sie Gesicht!

Drucken Sie Visitenkarten mit einem Porträtfoto. Drucken Sie es in die Briefe ein. Fügen Sie es E-Mails bei. Zeigen Sie Gesichter auf Websites. Die Wahrnehmungsforschung hat schließlich längst herausgefunden: Auf nichts reagieren Menschen so sehr wie auf den Anblick eines menschlichen Gesichts.

Wie oft ist es vorgekommen, dass Sie durch einen Laden irren und sich fragen, wer hier was macht? Da haben Sie noch Glück gehabt. In anderen Läden fragen Sie sich, wie Sie das Personal von den Kunden unterscheiden können. Oder haben Sie noch nie eine besonders kompetent aussehende Kundin als Abteilungsleiterin angesprochen?

Personal vom Kunden unterscheiden

Zeigen Sie, wer bei Ihnen arbeitet und für was er zuständig ist, um welche Kundenwünsche er sich kümmert. Im Konstanzer Krankenhaus hängt in der Kinderstation eine große Collage mit allen Gesichtern, vom Chefarzt bis zur Krankenschwester. Das reduziert Ängste und schafft Vertrauen. Gesicht zu zeigen, ist die einfachste Methode Distanz zu verringern.

Sprechen Sie Deutsch!

Ich weiß, wovon ich spreche. Meine eigene Branche, die Werbe- und Marketingwelt, ist verseucht mit englischen Ausdrücken. Und selbst wenn es nicht englisch ist: In jedem Beruf gibt es einen für Außenstehende unverständlichen Fachjargon. Es mag schwer sein, diesen Jargon abzulegen, besonders wenn Sie gerade acht Semester Studium hinter sich haben, in denen Sie darauf getrimmt wurden, Ihre normale Sprache abzulegen und klausurreife Texte zu schreiben. Aber jetzt geht es nicht mehr um Klausuren, es geht darum, dass Sie sich verständlich machen. Und dem Kunden nicht das Gefühl geben zu doof zu sein, um seine Wünsche zu äußern. Befragungen haben ergeben, dass viele Konsumenten auch scheinbar einfache englische Slogans nicht richtig übersetzen können. Bei der Parfümeriekette Douglas glaubten anlässlich einer Untersuchung 54% der Befragten, den Slogan „come in and find out“ richtig verstanden zu haben. Sie übersetzten ihn als eine verheißungsvolle Aufforderung mit den Worten: „Komm herein und finde wieder heraus.“

Zeigen Sie Verantwortung!

Ein Name und eine Unterschrift können beweisen, dass man bei Ihnen die Aufgaben persönlich anpackt und die Belange des Kunden ernst nimmt. Das baut nicht nur Distanz ab, sondern ist überdies Vertrauen erweckend. Viel zu wenige der Leute, die im Kundenservice arbeiten, laufen mit Namensschildern herum. Ich würde sie zur Pflicht machen, wenn ich Kanzler wäre. Besonders auch für Mitarbeiter im öffentlichen Dienst. In einigen deutschen Airports hängen Reinigungspläne für jedermann einsehbar auf den Toiletten aus. Mit Datum, Zuständigkeit und Unterschrift. Das ist Vertrauen erweckend. Sind Sie schon mal in einem New Yorker Taxi gefahren? Der Name, die Lizenz und das Foto Ihres Taxifahrers hängen gut sichtbar in jedem Taxi aus.

Lassen Sie Ihre Kunden mitarbeiten!

Das Ikea-Prinzip

Der einfachste Weg, den Kunden besser zu integrieren, ist es, ihn Ihre Arbeit teilweise selbst machen zu lassen. Das kann, ein Megaerfolg sein. Zum Beispiel in Kartons verpackte, zerlegte Möbel selber nach Hause zu transportieren und selber zusammenzubauen. Die deutschen Möbelhersteller und Händler lachten sich schlapp über die Idee, mit der IKEA 1974 in Deutschland auf den Markt kam. Die Presse kommentierte es höhnisch mit Geschichten über schief geratene Billyregale oder angeblich fehlende Holzdübel im Säckchen. Aber die Leute liebten es.

In vielen asiatischen Ländern ist es beliebt, sich die Zutaten für eine Speise im Restaurant zu wählen und das Essen dann selbst am Tisch zuzubereiten. So werden zum Beispiel „Okonomiyaki“, eine Kreuzung aus Pfannkuchen und Pizza, mit einer individuell gewählten Füllung am Tisch gebacken.

Selbermachen beinhaltet immer eine Belohnung für den Kunden. Vielleicht ist es eine Preisersparnis, ein Zugewinn an Spaß, mehr Auswahlmöglichkeiten, oder eine Möglichkeit der Geselligkeit mit anderen, wie gemeinsames Fondue oder Okonomiyaki am Tisch.

Kontrollfragen

- **Haben bei Ihnen Zuständigkeiten ein Gesicht?**
- **Kommunizieren Sie verständlich?**
- **Was können Ihre Kunden bei Ihnen selber machen?**
- **Was ist ihre Belohnung dafür?**

Kommunizieren Sie aufrichtig!

Muss Werbung lügen?

Old School-Werber stammen in direkter Linie von Käpt'n Blaubär, dem ewigen Flunkerer, ab. Marketeaser bleiben strikt bei der Wahrheit. Unwahre oder übertriebene Werbeaussagen lassen sie weg. Man schenkt Lügnern kein Vertrauen. Wer unwahre Werbeaussagen macht, wird einen vermutlich auch anderweitig über den Tisch ziehen. Die gängige Meinung, dass Werbung Lügen verbreite, mag für die Old School-Werber gelten, für die Marketeaser nicht.

Wer in der Kundenbeziehung nur einen One-Night-Stand sieht, hat mit Lügen keine Probleme. Wer eine Ehe mit dem Kunden anstrebt, braucht mit Lügen erst gar nicht anzufangen.

Ausgerechnet der Media Markt, der seine Kunden mit dem Slogan „Lasst euch nicht verarschen" eine saubere Weste vorzeigen wollte, hat nach Meinung zahlreicher Verbraucher bei seinen aggressiven Rabattangeboten gemogelt. Erinnern Sie sich an die Rabattaktion des Media Marktes „Wir schenken Ihnen die Mehrwertsteuer"? Viele Kunden mussten feststellen, dass vor der Aktion die Preise für viele Artikel des Sortiments noch mal erhöht wurden. Ganz Clevere machten davon auch Aufnahmen mit dem Fotohandy und dokumentierten so im Web die heimlichen Preisänderungen.

Verzichten Sie auf jede Art von Bullshit-Marketing!

Der von dem Berliner Marketingexperten Thomas Zorbach stammende Begriff „Bullshit-Marketing" meint „alle Methoden, die den Konsumenten nicht als mündige, kluge und in Verbindung stehende Individuen betrachten, sondern als eine gesichtslose Masse von Idioten behandeln." Konsumenten haben ein feines Gespür dafür, wenn sie für dumm verkauft werden.

Wie Sie die Erfolgs-Gemeinschaft mit dem Kunden aufbauen

Sie haben das stabilste Unternehmen der Welt, wenn Sie es geschafft haben, die Teilung zwischen Ihrem Unternehmen auf der einen Seite und Ihren Kunden auf der anderen Seite zu überwinden. Bei gemeinschaftlichen Aktivitäten mit Ihren Kunden heben Sie diese Teilung auf. Es entsteht der soziale Kitt, der Vereine, Teams, Sekten, Familien oder Parteien zusammenhält: das Wir-Gefühl. Überlegen Sie daher so häufig wie möglich, wie Sie Gelegenheiten schaffen können, dieses Wir-Gefühl zu initiieren und auszubauen.

Wir-Gefühl schaffen

Um Kunden intensiver in ein gemeinsames Erleben der Produkte und Dienstleistungen einzubinden, gibt es eine Vielzahl von Techniken, die Sie benutzen können. Sie eignen sich auch dazu, Stufen unterschiedlicher Intensität der Kundenbeziehung zu gestalten und aktive Unterstützer Ihres Unternehmens zu gewinnen.

◆ **Zehn Methoden, um Kunden aktiv zu integrieren:**

- Events
- Aktions-Aufrufe
- Bühne für den Kunden
- Spice up my life
- Backstage-View
- Costumizing
- Mit-Gestalten
- First to Know
- Community
- Be part of it

Events

In jedem Supermarkt kann es zwischen den Regalen quicklebendig werden. So hielt die belgische Supermarktkette Delhaize in 125 Niederlassungen an den Wochenenden Kochkurse ab und hat dafür 160 Köche engagiert. Keine hübschen Promoterinnen, die nicht mal Kartoffeln schälen können, sondern wirkliche Profiköche. Die Idee geht auf einen Mitarbeiter des Unternehmens zurück, der damit begonnen hatte, im Supermarkt mit Zutaten aus dem Regal zu kochen, um die Käufer auf frische Küchenideen zu bringen.

Der Heimwerkerbaumarkt Obi ist darauf angewiesen, dass die Deutschen in handwerklichen Techniken fitter werden. Wie sonst sollen sie ihre Produkte an den Mann bringen? Nachdem es offenbar beim männlichen Teil in der Bevölkerung einen gewissen Sättigungsgrad gibt, haben sie die Frauen ins Visier genommen. Bei Heimwerkerinnenkursen lernen die Frauen nun vor Ort „Tapezieren. Selbst ist die Frau", „Umgang mit Elektrowerkzeugen", „Fliesen legen", „Kreative Streichtechniken" oder „Laminat verlegen".

Aktions-Aufrufe

150.000 Kunden des Stromanbieters Yello Strom haben einer Aufforderung ihres Dienstleisters Folge geleistet und dem damaligen Bundeswirtschaftsminister Dr. Werner Müller am 8. Mai 2002 die gelbe Karte gezeigt. Ihr Appell per Postkarte hieß: „Freiheit für Strom – für günstigen Strom!" So sollte das Bundeswirtschaftsministerium aufgefordert werden, sich für einen fairen und diskriminierungsfreien Wettbewerb im deutschen Strommarkt einzusetzen! Stromanbieter Yello sah sich durch hohe Gebühren für die Nutzung der Stromnetze darin benachteiligt, weitere Kunden zu gewinnen und günstige Preise anzubieten. Begeisterte Yello Strom Kunden taten dies sicher nicht allein um dem Unternehmen einen Gefallen zu tun. Stattdessen ließen sie sich zu der Aktion aufrufen, weil sich die Ziele – verbraucherfreundliche Preise und faire Wettbewerbsbedingungen für das Unternehmen – vereinen ließen.

Kontrollfrage

▶ **Welche Ziele können Sie gemeinsam mit Ihren Kunden verfolgen?**

Bühne für den Kunden

Gibt es Methoden, Ihren Kunden Selbstdarstellungsmöglichkeiten einzuräumen? Jede Menge! Sie reichen von der einfachen Idee, Ihren Kunden Platz im Schaufenster einzuräumen bis zur Casting-Show „Popstars", die ganz normale Menschen mit ein wenig Gesangstalent zu Bühnenstars und Plattenverträgen pushen will. Dass Fotogeschäfte die Hochzeits-, Porträts- oder Aktfotos Ihrer Kunden im Schaufenster ausstellen, ist nichts Neues. Seltener und ungewöhnlicher ist es, wenn eine Bank ihr Schaufenster für Geschäftskunden freigibt, damit diese eine Möglichkeit der Selbstdarstellung finden können. Das Prinzip „Bühne für den Kunden" ist mittlerweile im Internet eines der Erfolgskonzepte schlechthin.

Die virtuelle Mall der Kundenshops

Cafepress ist ein Anbieter von Werbeartikeln wie T-Shirts, Kaffeetassen, Mützen, Tops, Mauspads und vielem mehr. Da gibt es hunderte davon. Aber wohl niemand hat sein Geschäft so vollständig in die Hände der Kunden gelegt wie Cafepress. Vereine, politische Organisationen, Firmen oder Privatleute können mit Hilfe der Cafepress Webseite ihren eigenen Shop mit Fan- oder Werbeartikeln eröffnen – völlig kostenlos. Sie können auswählen, welche der angebotenen „unbedruckten" Artikel sie in ihren Shop aufnehmen wollen. Natürlich ist der Clou, dass sie die ausgewählten Artikel auch selbst gestalten können – einfach das Bild hochladen und es wird auf dem Artikel platziert. Auch den eigenen Shop können die Betreiber einrichten wie sie wollen. Wenn man die Webseite von Cafepress betritt, fühlt man sich wie in einer riesigen Mall, die witzige, verrückte oder mit politischen Botschaften bedruckte T-Shirts präsentiert und dabei aus hunderten von Kundenshops besteht.

Kunde wird Shopbetreiber

Dein Bild als Lego Baukasten

Und das geht ganz einfach. Mit einem so genannten Lego Brick-o-Lizer kann man auf der Webseite des Unternehmens sein eigenes Bild hochladen, so lange bearbeiten bis es einem gefällt und dann als Lego Mosaikbausatz bestellen. Für einen Preis von etwa 35 Euro erhält man einen Bausatz von fast 2.000 Lego Steinen, eine passende Bauanleitung und sogar einen Rahmen und Aufhänger, um das Bild an die Wand zu hängen.

Spice up my life: Für Höhepunkte im Kundenleben

Die Teilnahme an einem Casting, die Fahrt mit einem Heißluftballon, eine Rolle in einem Spielfilm, ein Nachmittag mit Miss Germany oder ein Fahrtraining mit Jutta Kleinschmidt – das alles kann für jemand zum Höhepunkt im Leben werden. Immer mehr Menschen drängen in TV-Shows, heiraten vor der Kamera oder futtern Regenwürmer – nur, um für die Dauer einer TV-Ausstrahlung „berühmt" zu sein.

Events: Schweißtreiben bei Schneetreiben

Der Reifenhersteller Fulda hat – gemeinsam mit einigen Sponsoren – mit der Fulda Challenge einen Traumevent geschaffen, der sich für rund 60 Teilnehmer einmal im Jahr realisiert. Über 40.000 Menschen bewerben sich für diese Abenteuerrallye, die in der Eiswüste Kanadas stattfindet. Zum Programm gehören Geländewagenfahrten in der Schneelandschaft, Reifenwechsel, aber auch Mountainbiking oder Geschicklichkeitsrennen mit dem Snowmobil. Bekannte Sportler sind als Teamleiter dabei, und neben den Amateursportlerteams werden auch Profiteams gebildet. An den Vorentscheidungen dieses internationalen Ereignisses nehmen tausende von Menschen aus verschiedenen Ländern teil.

Backstage-View

Eine der einfachsten und wirkungsvollsten Methoden, die Beziehung zu stärken, ist, Kunden einen Einblick hinter die Kulissen zu geben. Zur Backstage-Erfahrung gehört, dass sie wenigen vorbehalten ist, und die wenigen die Chance haben, etwas davon zu erfahren, welche Anstrengungen, welche Begeisterung und welcher Spaß in der Arbeit steckt, die man nur aus der Präsentation kennt. Die in Deutschland gerne veranstalteten „Tage der offenen Tür" können zum Beispiel als Backstage-Erfahrung in Ihrem Geschäft gestaltet werden. Aber bitte nicht mit einer öden Betriebsführung, Luftballonaufblasen und Hüpfburg.

Chance für wenige

Costumizing, die individuelle Anpassung

Früher – aber es ist schon sehr lange her – trugen Textilien meist das Monogramm ihres Besitzers. An versteckter Stelle, kunstvoll von Hand eingestickt. Jedes Produkt lässt sich heute für den Kunden individualisieren. Ein Verfahren, das den Kunden nicht nur ans Unternehmen bindet, das auf seine individuellen Ansprüche eingeht, sondern auch dazu führt, dass ein höherer Preis für die Produkte gezahlt wird.

Der Maßschuh aus der Fabrik

Die Firma Selve ermöglicht es Frauen, einen Maßschuh mit individuellen Design zu tragen, und das schon zu Preisen ab 200 Euro. Die Kundin kann aus 25 verschiedenen Schuhmodellen wählen und sich Ledersorte, Lederfarbe und Absatzform individuell zusammenstellen. Und dann geht's an die Maße – mittels Website wird die Kundin angeleitet, die Fußlänge, Zehenhöhe und Ballenbreite selbst zu messen. Aus den individuellen Fußmaßen der Kundin und den repräsentativen Daten einer Reihenfußvermessung, bei der die Inhaberin Claudia Kieserling mehr als 1.000 Paar Frauenfüße vermessen ließ, errechnet der Computer dann den perfekt passenden Schuh. In einer italienischen Manufaktur wird der Maßschuh anschließend hergestellt. Das erfolgreiche Konzept wurde in München erstmals vorgestellt und verfügt mittlerweile auch über einen Showroom in London.

Mit-Gestalten: Jeder Kunde ein Künstler?

Vorsicht, zäh fließendes Würzmittel

Ketchup für ein Jahr

„Say something ketchuppy" – unter diesem Motto forderte Heinz Ketchup Verbraucher auf Texte einzusenden, die das Etikett der Flasche zieren sollten. Acht Gewinnersprüche wurden dann zusammen mit dem Namen des Einsenders tatsächlich auf Ketchup-Flaschen gedruckt. Außerdem im Preis enthalten waren ein T-Shirt mit dem Spruch sowie ein Jahr kostenloser Ketchup-Bezug für den Hauptgewinner. Gewinnersprüche waren zum Beispiel: „Für den Burger, der schon alles hat", „Suche einen Job in Ihrer Küche" oder „Warnung: Enthält zäh fließendes Würzmittel". Die Flaschen wurden jeweils für die begrenzte Zeit von drei Monaten mit den Sprüchen etikettiert und unter die „normalen" Flaschen gemischt. Mehr als 1.800 Kunden haben Heinz begeisterte E-Mails zu der Aktion geschrieben. Offenbar gibt es jede Menge Ketchup-Fanatiker, die die limitierten „sprechenden Etiketten" sammeln. Heinz berichtet von einer Kundin, die ihren Lieblingsspruch gerahmt und in der Küche aufgehängt hat.

Bild Dir Deine Werbung

Höchst erfolgreich versteht es Deutschlands Boulevardzeitung No. 1, seine Leserinnen und Leser zu aktivieren. Nicht nur, dass sie wie kaum ein anderes Medium den Mitmach-Journalismus entdeckt haben. (Bild Leserreporter sollen bekanntlich als Paparazzi fungieren und Promi-Fotos einsenden – Abdruckprämie 500 Euro), sondern sie konnten ihre Leser auch als Ideengeber für neue Werbeanzeigen gewinnen. Mit über 10.000 Anzeigenideen und Werbefilmen sammelte Bild im Frühjahr 2009 Anregungen für künftige Kampagnen ein. Auf der Website wurden dann die besten Anzeigen wiederum von den Lesern selbst gekürt – mehrere Monate lang wurde jeden Tag ein Tagessieger gewählt. Jeder Leser ein Künstler? Ja, aber mehr noch. Jeder Leser ist auch ein Juror und wie man bei Bild sieht: Er ist sogar auch ein Reporter.

First to Know

Im Kommunikationsmodell der Marketeaser gibt es einen wichtigen Grundsatz, der Ihnen Vertrauen und Begeisterung erhält. Teilen Sie Neuigkeiten zuerst denen mit, die Ihrem Unternehmen am nächsten stehen. Enge Beziehungen sind davon geprägt, dass die Kommunikation häufiger und intensiver stattfindet. Geben Sie Ihren Stammkunden die Möglichkeit, als Erste von Sonderangeboten zu profitieren. Sorgen Sie dafür, dass diese als Erste informiert sind, wenn wichtige Veränderungen anstehen. Wenn Sie ein neues Produkt entwickeln, holen Sie die Meinung der Fans als erstes ein. Und geben Sie ihnen das Recht dieses als Erste zu kaufen. Der Grundsatz, dass alle Kunden gleich behandelt werden müssen, gilt nicht für die Kommunikation mit ihnen. Rundschreiben, E-Mail-Newsletter sollten Sie nicht nur nach Inhalten differenzieren, sondern auch nach Aussendedatum. Am schlimmsten ist es, wenn treue Kunden wichtige Nachrichten beim Aufschlagen der Morgenzeitung erfahren, obwohl sie gestern noch bei Ihnen eingekauft haben.

Community – zwanglos und eigenorganisiert

Es gibt einen Vorläufer der Community: den Kundenclub. Wenn Old School-Werber an Kundenclubs dachten, dann war das eine schicke und durchgestylte Sache mit einer Plastik-Kundenkarte, einem edlen Kundenmagazin und mehr oder weniger einfallslosen Rundschreiben, die immer neue „Vorteils-Club-Angebote" enthielten. So funktionieren Clubs nicht. Clubs funktionieren auf der Basis enthusiastischer Leute, die gemeinsam mit anderen ihren Interessen nachgehen wollen. Die Clubs der Marketeaser sind von Kunden selbst organisiert und werden vom Unternehmen dezent und unaufdringlich gefördert. Am besten ist es, Kunden machen ihre Clubs selber.

Enthusiasmus als Basis

Mac User-Groups

Überall auf der Welt haben sich Interessierte zusammengetan, um sich über Apple Technologien in so genannten Mac User-Groups auszutauschen. Dabei sind diese User-Groups vom Hersteller unabhängige Anwender-Gruppen. Ihre Ziele sind so vielfältig wie die Menschen, die darin zusammenkommen. Natürlich helfen alle bei technischen Fragen und informieren über bestimmte Themen. Einige bieten dazu auch Newsletter, Workshops und Vorträge an; bei anderen sind es lose Treffen oder Stammtische. Einige Mac User-Groups organisieren Flohmärkte oder sammeln gebrauchte Hardware für soziale Projekte.

Apple hat Kenntnis von etwa 600 Mac User-Groups weltweit – tatsächlich dürften es sehr viel mehr sein. Die Zahl der organisierten Mitglieder ist dabei sehr unterschiedlich, es gibt Mac User-Groups mit weniger als 20 und sehr große User-Groups mit mehr als 1.000 Mitgliedern.

Die User-Groups haben keine festgelegte Organisationsform: Es gibt eingetragene Vereine mit Satzung und Vorstand, regionale, informelle Gruppen oder virtuelle Mac Communities, die sich online in Foren oder im Chat treffen. Apple unterstützt die User-Groups durch einen Eintrag auf der Apple Website, damit Interessierte eine einfache Möglichkeit haben, Anschluss an eine lokale User-Group zu finden. Bei größeren Veranstaltungen und auf Einladung beteiligt sich Apple gelegentlich mit Produkt-Präsentationen. Auf der jährlich stattfindenden Mac World Expo gibt es ein umfangreiches Programm für Mitglieder von User-Groups, etwa eine Mac University oder eine eigene User-Group-Lounge.

Übrigens: Old School-Werber würden Kundenclubs immer ein paar Nummern zu groß machen. Marketeaser wissen, sie müssen klein genug sein. So klein, dass die Mitglieder untereinander enge Beziehungen pflegen können. Nur dann wird die Kommunikation intensiv sein.

Marketease

- **Geben Sie die Kontrolle zugunsten Ihrer Community auf!**

Be part of it oder die Totale Integration

Kann man die Produktentwicklung von der Ideenfindung bis zur Ideenbewertung komplett den Kunden anvertrauen? Lego kann es. Nahe liegend, dass man bei einem Produkt, das die Kreativität so herausfordert wie die Lego Bausteine, den Lego Spielern auch die Gelegenheit geben will, ihre besten Kreationen weltweit zu zeigen. Im so genannten „Lego Club“ hat das Unternehmen auf einer Website eine Plattform errichtet, auf der die interessantesten Kreationen ausgestellt werden.

Die Lego Factory

Unter dem Stichwort „Lego Factory" geht das Ganze allerdings noch einen Tick weiter. Denn dort werden nicht nur die besten Modelle präsentiert und mit Preisen bedacht: Der Hauptpreis wird als Set in Serie gehen.

Wer sich für die Teilnahme bei legofactory.com registrieren lässt, erhält einen virtuellen Mitarbeiterausweis mit einem selbst gewählten Konstrukteur-Namen. Die Sieger werden von den Besuchern der Website gewählt. Ein Fall, in dem die Produktentwicklung ganz auf die Seite der Kunden und Anwender übertragen wurde.

Jones Soda

Der amerikanische Getränkehersteller Jones Soda wurde in wenigen Jahren von der Minifirma zu einem Unternehmen, das 100 Millionen Dollar Umsatz jährlich macht. In einem Land, das Limonade in 1,5 Liter Flaschen verkauft, machten sie das Ganze erheblich kleiner: Eine Jones Soda Flasche enthält gerade mal 350 ml und sie kostet 1,70 USD.

Jones Soda gibt es in rund 40 Geschmacksrichtungen, die immer wieder wechseln. Manche schmecken nach Erdbeere, Pfirsich, Melone oder Bubblegum. Andere nach Truthahnbraten oder Früchtekuchen. Was nicht das Erfolgsrezept ist.

Da ist mein Produkt

Das Erfolgsrezept ist, dass die Kunden Jones Soda als „mein Produkt" betrachten. Um dies zu erreichen, wird jedes Flaschenetikett mit einem Foto gestaltet, das Kunden einsenden: Babyfotos, Illustrationen, Sportszenen. Was darauf platziert und mit dem Namen des Einsenders verziert wird, suchen die Kunden auf der Website selber aus. Sie stimmen auf der Website ab, welches Bild in Serienproduktion gehen soll. Aber selbst wenn Sie nicht das Glück haben sollten, dass Ihr eingesandtes Foto auf dem Jones Soda Etikett landet – Sie können es immer noch kaufen. Für einen kleinen Aufpreis, lassen Sie sich so viele Flaschen produzieren wie Sie nur möchten.

Jones Soda ist das ideale Geschenk, es lässt sich für Beschenkte zu jedem Anlass individuell gestalten. Es lässt sich ganz und gar zum eigenen individuellen Produkt machen. Gleichzeitig hat die Vielzahl der unterschiedlichen Etiketten eine Sammelwut ausgelöst. Die teuerste bisher verkaufte Flasche Jones Soda wechselte für 450 Dollar bei eBay den Besitzer.

Peter van Stolk, der Gründer von Jones Soda, hat niemals klassische Werbung für seine Produkte gemacht. Das Einzige was er tat, war, zu bestimmten Anlässen Proben zu verteilen, damit die Leute mit dem Produkt in Berührung kommen. Worin Peter van Stolk wirklich gut ist, ist die Kunst, seinen Kunden Plattformen für ihre eigene Selbstdarstellung zu bieten. Dort, wo sich andere Marken normalerweise selbst präsentieren: auf dem Etikett. Natürlich produziert er neue Sodas auch nach Vorschlägen seiner Kunden, was ihn nicht davon abhält auch eigene Ideen zu entwickeln. Nicht nur was Sodas angeht. Dazu passt die Idee eines Unternehmensbeirates, der online tagen wird. Die Mitglieder: Kinder und Jugendliche im Alter von 16 bis 17 Jahren.

Wie Ihre besten Kunden neue Kunden für Sie werben

Fans als Verkäufer

Unternehmer, die ihre besten Kunden, nämlich Stammkunden und Fans, besser integrieren als andere, brauchen sich um die Neukundengewinnung nicht zu sorgen. Den Prozess der Ansprache neuer Kunden, das Fördern einer engeren Beziehung zu Ihrem Unternehmen, übernehmen Stammkunden und Fans gerne für Sie. Stammkunden und Fans sind mehr als „Werbeträger“, sie sind hervorragende Verkäufer. Manche bezeichnen sie gar als Apostel, die Ihre Unternehmensreligion verkünden. In der Tat können sie besser mit potenziellen Kunden kommunizieren als Sie. Und der Vorteil: Sie spüren die potenziellen Kunden auch auf.

- **Sie wissen besser als Sie, wer Ihren Service oder Ihre Produkte braucht,**
- **Sie geben Botschaften persönlich adressiert weiter,**
- **Sie geben nur relevante Botschaften weiter,**
- **Sie bereiten die Botschaften individuell für den Empfänger auf,**
- **Sie geben Botschaften emotional weiter,**
- **Sie sind glaubwürdig.**

Sie verfügen über die wichtigste Voraussetzung zur Gewinnung von Aufmerksamkeit: die Beziehung zum Adressaten.

Stammkunden als Botschafter des Unternehmens

Der Stammkunde kauft nahezu ausschließlich bei Ihnen, unabhängig davon, ob Sie besondere Angebote machen oder nicht. Er hat eine Beziehung zu den Produkten, aber auch zu den Mitarbeitern Ihres Hauses. Ein Wechsel zu einem anderen Unternehmen kommt für ihn erst in Frage, wenn er von den Produkten oder Mitarbeitern Ihres Hauses wiederholt enttäuscht wurde. Leider sind nicht alle Stammkunden gleichermaßen kommunikativ. Ein treuer Kunde muss also nicht zwangsläufig zum Botschafter Ihres Unternehmens werden.

Kommunikative Stammkunden

Wie können Sie Stammkunden zu Botschaftern Ihres Unternehmens machen? Wie können Sie sie stimulieren über Ihr Unternehmen und sein Angebot mit anderen zu reden? Hier gibt es ein paar Techniken, die Sie einfach anwenden können.

Mix it up

Bringen Sie Stammkunden und Nichtkunden – oder Stammkunden und sporadische Kunden – zusammen. Schaffen Sie Ereignisse, bei denen beide zusammentreffen können. Ein Küchenfachhändler, der in einem Münchner Nobelvorort wirklich sehr teure Einbauküchen verkauft, bedankt sich bei seinen Kunden mit einem vorzüglichen Fünf-Gänge-Menü, das gemeinsam im Küchenstudio gekocht wird. Dazu lädt er ein paar Unentschlossene ein: Leute, denen er eine aktuelle Planung und ein Angebot unterbreitet hat. Die Abschlussquote bei so einem Essen geht gegen 100 % – ohne dass dabei noch mal Preisverhandlungen geführt werden. Scampi und Chardonnay reichen aus. Der Trick ist, dass zufriedene Kunden unentschlossene überzeugen.

Kunden werben Kunden

Einer der ältesten Tricks des Einzelhandels – machen Sie es nicht wie die Tageszeitungen, die billige Kaffeemaschinen oder Bücher unter die Leute bringen, die keiner braucht. Machen Sie es mit Gutschriften oder Zusatzleistungen aus Ihrem Portfolio. Alles, was ein Erlebnis beinhaltet, ist besser als irgendein Produkt. Old School-Werber würden in so einem Fall einen Apple iPod oder ein ähnliches In-Produkt ausloben. Marketeaser versuchen, auch bei solchen

Incentive-Maßnahmen, die Beziehung zu ihren Kunden zu stärken und das Erlebnis zu vertiefen.

Ein Ravensburger Friseur setzt einen Gutschein ein, der seinen Stammkunden belohnt. Und gewinnt dabei einen neuen. Der Clou: Wenn der Stammkunde einen Neukunden empfiehlt, erhalten beide einen Preisnachlass beim nächsten Besuch. Solche Weiterempfehlungskarten werden bereits fix und fertig für Friseure, Kosmetik- oder Sonnenstudios angeboten. Das Gutscheinkonzept funktioniert auch in Ihrer Branche. Probieren Sie es aus.

Backstage-Pässe

Teenies bekommen gewaltig Herzklopfen, wenn sie hinter die Bühne dürfen, weil dort ein Star auf sie wartet. Für viele ist es eine – im wörtlichen Sinne – umwerfende Erfahrung, wenn Sie die im Saal anwesenden Sanitäter fragen. Und wenn Sie kein Star sind? Müssen Sie auch gar nicht sein. Denn Backstage-Erfahrungen sind die Art von Vorzugsbehandlung, die die Beziehung zu Ihrem Kunden enger knüpft. Verschaffen Sie ihm ein einmaliges Erlebnis. Teilen Sie es mit ihm. Ein Restaurant im Oberschwäbischen lädt Stammkunden im Advent zu einem gemeinsamen Kochen mit der Profimannschaft ein. Das Ganze ist nicht mal kostenlos. Aber das Anrecht auf einen der begehrten Plätze erhalten nur Stammkunden. Bitte verwechseln Sie Backstage-Erfahrungen nicht mit dem üblichen „Tag der offen Tür“: In der Werkstatt kann man Maschinen besichtigen, außen gibt's eine Hüpfburg und die örtliche Krankenkasse misst den Blutdruck.

Marketease

- **Bieten Sie Ihren Stammkunden Backstage-Erfahrungen!**

Ich bin Erster!

Ja, es macht Spaß, Dinge als Erster zu erfahren, bei der Sahnetorte als Erster zugreifen zu können oder einmal das ganze Schwimmbad für sich zu haben. Geben Sie Ihren besten Kunden genau dieses Gefühl. Lassen Sie bei einem Sonderverkauf Ihre Stammkunden am Abend vorher zugreifen. In aller Ruhe. Bei Musik, Häppchen, guten Gesprächen. Definieren Sie Happy Hour einfach neu: Nicht, dass alle Drinks die Hälfte kosten, sondern dass Stammkunden glücklich werden. Das Wichtigste an diesem Punkt: Was immer Sie sich einfallen lassen, was immer Neues in Ihrem Geschäft geschieht, sorgen

Sie dafür, dass die, die Ihnen am nächsten stehen (Ihre Stammkunden) auch als Erste davon erfahren.

Starten Sie ein Botschafterprogramm

Zu den besten Möglichkeiten, das Engagement Ihrer Kunden zu nutzen, gehört, ein Botschafterprogramm ins Leben zu rufen. In einem solchen Programm ist der Kunde als Botschafter des Unternehmens nicht zufällig, spontan oder sporadisch tätig, er wird regelrecht zum Botschafter bestellt. Zahlreiche Beispiele zeigen, dass Unternehmen sehr erfolgreich mit dem Instrument arbeiten.

Das Botschafterprogramm von StudiVZ. Vom Start weg katapultierte sich das Soziale Netzwerk StudiVZ in Deutschland nach vorne. Dabei war der Anfang durchaus bescheiden – und clever durchdacht: Denn die Online-Community überließ den Netzwerkaufbau nicht dem zufälligen Wachstum, sondern startete ein Botschafterprogramm, um möglichst rasch an diversen Universitäten eine kritische Masse von Anmeldungen zu erreichen. Klar – Netzwerke sind umso attraktiver, je mehr Menschen an ihnen teilnehmen. Dazu ernannte das Unternehmen so genannte Campus Captains. Studenten, die StudiVZ durch Mundpropaganda an den Unis freiwillig und unentgeltlich bekannt machen sollten.

Aktiv als Campus Captain

Die Hamburg Ambassadors. Die Hansestadt hat ehrenamtliche Botschafter bestellt, die so genannten Hamburg Ambassadors. Im Rahmen einer offiziellen Feier werden diese vom Senat ausgewählt und mit einer Ernennungsurkunde geehrt. Hamburg Ambassadors sind ehemalige Hamburger, die nun dauerhaft im Ausland leben und am neuen Wohnort ihre Heimatstadt repräsentieren möchten. Sie vertreten ihre Heimatstadt zum Beispiel bei offiziellen Anlässen oder veranstalten einmal jährlich einen so genannten öffentlichen Hamburg-Abend, bei dem sie für ihre Heimatstadt Werbung machen. Andererseits unterstützen sie die Stadt Hamburg auch bei deren Auslandsaktivitäten – etwa, wenn es um die Planung und Durchführung von Auslandsmessen, Tagungen und Kongressen geht.

Die Neun-Monats-Botschafterinnen. Auch die Umstandsmodemarke Bellybutton kennt ein Botschafterinnen-Programm. Dort engagieren sich die begeisterten Bellymamas (so heißen die Botschafterinnen) für die Marke, werben für sie bei Arztbesuchen oder bei der

Schwangerschaftsgymnastik. Zwei bis dreimal jährlich werden etwa 250 Schwangere zu Botschafterinnen der Marke ernannt. Sie verteilen Warenproben und Broschüren und präsentieren natürlich die Mode live am eigenen Körper! Als Gegenleistung erhalten sie regelmäßig Überraschungen von Bellybutton und können mit 20% Rabatt einkaufen. Markenaufbau ohne teure Anzeigen – das ist bei Bellybutton geglückt. Das Unternehmen kommt so weitaus effektiver – und vor allem viel näher – an die jungen Mütter, als durch jede klassische Werbung.

Begeisterung macht Botschafterinnen

Botschafterprogramme kann man dann starten, wenn man begeisterte Kunden hat: Denn wer begeistert ist, will sich ohnehin mitteilen. Botschafter rücken näher an die Marke, sie werden – zum Teil durch Schulung und den ständigen Kontakt mit dem Unternehmen – zu Insidern gemacht. Dieses Insiderwissen, aber auch Warenproben sorgen dafür, dass die Botschafter etwas zu erzählen haben. Materielle Anreize sollten Sie bei solchen Maßnahmen gering halten – Geld als Anreiz führt nicht zu mehr Engagement.

Die Elite der Stammkunden: Fans

Die amerikanische Kaffeehauskette Starbucks hat viele enthusiastische Fans. Der enthusiastischste ist ohne jeden Zweifel John „Winter" Smith. Er hat sein eigenes ehrgeiziges Fan-Projekt gestartet. Sein Ziel: Jede einzelne der Starbucks Filialen weltweit persönlich zu besuchen. Keine leichte Sache bei einem Konzern, der zumindest bis vor der Finanzkrise so schnell expandierte, dass jede Woche etwa zehn neue Filialen dazu kamen. Winter hat es fast geschafft. Er hat sein Projekt 1996 gestartet und mittlerweile 8.530 Starbucks Cafés in den USA und Kanada besichtigt. Nur noch 11 fehlen ihm. Manche halten ihn für verrückt. Andere denken, er sei von Starbucks bezahlt. Winter bestreitet jede Verbindung zu Starbucks. Er bezahlt seine Reisen selbst, fährt mit einem klapprigen Honda Civic meilenweit von Bundesstaat zu Bundesstaat. Er arbeitet ein paar Monate als Programmierer und reist dann wieder für ein paar Wochen. Er schläft im Auto, um Geld zu sparen. Etwa 80 Tage des Jahres ist er unterwegs und trinkt etliche Liter Kaffee täglich. Denn zu dem Ritual des Besuches gehört es, jeden Laden zu fotografieren, zu betreten und einen Kaffee zu trinken. (http://www.starbucks-everywhere.net)

Haben Sie Fans? Herzlichen Glückwunsch! Gehen Sie mit Ihnen gut um! Denn Fans verfolgen jede Aktivität Ihres Unternehmens begeistert. Fans sind die, die den Fanartikel-Shop leer kaufen, jedes neue Modell zuerst haben wollen. Fans sind die, die Fan-Sites einrichten oder alles über das Produkt wissen wollen. Sie sehen Ihnen nicht nur Fehler nach, sondern helfen Ihnen auch bei der Verbesserung der Produkte oder entschuldigen diese gegenüber anderen. Sie organisieren sich nicht selten in Netzwerken oder Fanclubs, um ihre Begeisterung zu teilen. Natürlich geben sie ihr positives Urteil über Ihr Unternehmen auch weiter, sofern sie das überragende Produkterlebnis nicht allein oder in eher abgeschlossener Gemeinschaft anderer Fans genießen.

Marketease

◆ **Mundpropaganda startet bei den Fans am einfachsten.**

Viele dieser Fans haben ein natürliches Bedürfnis, sich mitzuteilen. Fans bilden fast immer ein Netzwerk. Sie sammeln sich auf der gleichen Tribüne, treffen sich danach in einer Stammkneipe und sind manchmal gar in Fanclubs organisiert. Fans sind ein Netzwerk, in dem sich Botschaften sehr schnell verbreiten. Unter Fans sind jede Menge Überträger. Solche Fans gibt es natürlich auch außerhalb des Sports. Sie sind schwerer zu erkennen, weil sie in anderen Branchen nicht mit der typischen Fankleidung unterwegs sind.

Fans sind wahre Aktivisten

Viele politische und gesellschaftliche Aktionsgruppen können ihre Arbeit nur machen, weil ein Heer von Unterstützern und Freiwilligen meist ehrenamtlich für sie arbeitet. Wenn eine Aktionsgruppe ihre Arbeit effektiv machen will – und auf Grund der knappen Finanzausstattung bleibt ihr keine andere Wahl –, braucht sie eine kleine Verwaltung mit geringen Kosten und ein großes Heer von „Aktivisten", die sich für einen guten Zweck organisieren. Egal, ob beim Bund für Umwelt- und Naturschutz, beim Deutschen Alpenverein oder den Globalisierungskritikern von Attac – überall gibt es Ortsgruppen, kleine lokale und regionale Einheiten, die Informationen weitertragen, Aktionen veranstalten, neue Mitglieder anziehen und eine Gemeinschaft bilden. Solche kleinen lokalen Einheiten werden von der Zentrale unterstützt, aber nicht dirigiert. Sie entscheiden in den meisten Fällen völlig selbstständig, welche Aktionen sie durchführen wollen, wie sie diese finanzieren und ob sie gegebenenfalls die Hilfe der Zentrale in Anspruch nehmen wollen. Ich vermute, die Al Kaida Terrorzellen organisieren sich nicht anders.

Auch Geschäftspartner können Fans werden

Gibt es Unternehmen, die diese Prinzipien für sich genutzt haben? Nur wenige. Aber darunter sind die unbestritten erfolgreichsten Marken der Welt. Ben McConnell und Jackie Huba sehen die Geburtsstunde der Methode, Kunden zu Botschaftern des Unternehmens zu machen, im Jahre 1983. Da heuerte Guy Kawasaki bei der Firma Apple an. Seine Aufgabe: Unabhängige Software-Entwickler so für den Macintosh zu begeistern, dass sie bereit waren, für den Apple Computer Anwendungsprogramme zu schreiben. Kawasaki gab den Entwicklern die Vision eines Computers, der sich radikal von den bisherigen Computern unterschied. Wenn Sie sich erinnern, gab es zu diesen Zeiten keinen PC bei Media Markt zu kaufen, in den Büros standen noch Großrechner und der Macintosh war trotz seines Spatzenhirns von 512 K in der Tat so revolutionär wie sein Anspruch. Macintosh begeisterte die Leute. Ich selbst bin von einem Anwender infiziert worden, der die Aufgabe, meinen Chef ebenfalls zu infizieren, gleich auch noch übernahm. Der Macintosh war sicher eines der Produkte, das in hohem Maße durch Mundpropaganda begeisterter Kunden in den Markt gepusht wurde. Nebenbei hatte die Firma echte Fans. Solche, die auch in schlechten Zeiten auf die Wiederauferstehung hofften. Und belohnt wurden, wie wir wissen. Kawasaki hatte seine Aufgabe, Software-Entwickler für den Apple zu begeistern, gelöst. Und die Lösung der Aufgabe brachte einen angenehmen Nebeneffekt zu Tage. Die für Apple gewonnenen Software-Entwickler machten nicht nur ihren Job Software zu schreiben, sondern erzählten so begeistert von der Marke Apple, dass sie jede Menge Hardware-Kunden für das Unternehmen gewannen. Für Kawasaki waren diese Geschäftspartner die wahren Evangelisten. Sie gewannen Kunden, ohne dafür bezahlt zu werden. Sie taten es aus Begeisterung. Sie gründeten Apple User-Groups, in denen sie ihre Begeisterung mit Gleichgesinnten teilen konnten.

Evangelisten für Apple

Umgang mit Fans – das sind die Basics

Man sollte meinen, Fußballvereine seien besser dran als Unternehmen. Denn sie haben nicht nur ganz normale „Kunden", sie haben auch Fans. Die Leute, die für Stimmung im Stadion sorgen, ihren Verein zum Sieg trommeln, ohne Murren die Dauerkarten kaufen und nebenbei mehr Trikots im Schrank haben als Michael Ballack.

Fan-Begeisterung nutzen

Leider nutzen die Vereine dieses Fanpotenzial eher schlecht als recht. Verstehen es Fußballvereine, die Bedürfnisse ihrer Fans zu erkennen, sie in gemeinsame Aktivitäten einzubinden und die Fan-Begeisterung für ihr Marketing zu nutzen? Stefanie Exler, Doktorandin an der Universität Mannheim, meint: nein. Sie hat 1.300 Fans befragt und erhebliche Mängel herausgefunden. Darüber berichtete sie in einem Interview in der Printausgabe des Südkuriers vom 31. 05. 05):

- Bei den Fans zählen Vereinstradition, das Stadion und die Freundschaft zu anderen Fans mehr als sportliche Erfolge. Das Marketing der Vereine ist jedoch nur auf sportliche Erfolge ausgerichtet.
- Vereinen fehlt es an der differenzierten Ansprache der Fans. Da wird übersehen, dass es Fans gibt, die keinen Rabatt auf Dauerkarten wollen, sondern lieber auf Merchandising-Artikel, weil sie ohnehin zu weit weg wohnen, um zu den Heimspielen zu kommen.
- Starkult, wie er um David Beckham u. a. gemacht wird, mag für die Medien interessant sein. Viele Fans lehnen ihn ab, die Vereinstradition ist ihnen wichtiger.
- Was sich Fans wünschen, wird selten erkannt, z. B. klubeigene Sportbars, Fitnessgeräte, mehr Sportartikel, vom Verein organisierte Reisen.

Die Parallelen zu Unternehmen sind nicht zu übersehen: Da ist das Produkt wichtiger als die Kundenbeziehung, in der Werbung feiert sich das Unternehmen selbst und die Kommunikation bricht nach dem Verkaufsgespräch schlagartig ab oder wird ans Callcenter übergeben.

Viele Unternehmen haben Fans, aber keine Ahnung von ihnen. Marketingmanager, die ihre Zeit in Meetings absitzen, anstatt Communities zu gründen, Foren zu besuchen und Blogs zu schreiben bzw. zu lesen, werden den Zugang zu den Fans kaum finden.

Fans brauchen Gemeinschaft

Warum treten Harley Davidson Fahrer gerne in Rudeln auf? Warum schließen sich Käfer- oder Mantafahrer zu Clubs zusammen? Weil Fans die Gemeinschaft anderer Fans suchen. Ein Unternehmen, das diesen Grundsatz beherzigt, sollte Fans darin unterstützen, diese Gemeinschaft zu erleben. Exklusive Anlässe, bei denen Sie mit Ihren Fans zusammen kommen, sind dabei wichtig. Vom Popstar, der sich exklusiv für seine Fangruppe 20 Minuten Zeit nimmt, um Autogramme zu signieren, bis zu dem Baumaschinenhersteller, der seine treuesten Kunden als erste zum Testen neuer Produktreihen einlädt, reichen die Anwendungsmöglichkeiten fangerechter Aktivitäten.

Fans wollen sich selbst organisieren

Lassen Sie die Fans ruhig selber machen. Eine starke Fangemeinschaft zeichnet sich dadurch aus, dass sie Möglichkeiten der Selbstorganisation findet: ein Kundenclub, dessen Regularien, Inhalte und Programme von einem Unternehmen vorgegeben werden, ist das krasse Gegenteil von einem Fanclub. Eine Fangemeinschaft, die sich nicht selbst initiiert und organisiert, ist nichts wert.

Fans haben Rituale

Aktive Fans publizieren eigene Websites, gründen feste Vereine oder lockere Zusammenschlüsse. Manche Fans organisieren gar das Schlangestehen vor dem Kino nach einem festen Ritual. Denn als sich zum Erscheinen des dritten Teils der Star Wars Trilogie vor dem Hollywood Kino „The Chinese Theatre" bereits Wochen vorher Schlangen bildeten, weil jeder Fan der Erste sein wollte, galten dafür strenge Regeln. Wer sich in der Schlange einreihen wollte, musste mindestens 50 Dollar für eine Kinderhilfsorganisation spenden. Wer im Umkreis von 250 Meilen um Hollywood wohnt, musste mindestens 72 Stunden in der Schlange bleiben. Wer weiter weg wohnt, musste mindestens 48 Stunden Schlange stehen. Wer die Schlange verließ, ohne sich vorher auszutragen, verlor alle bereits gesammelten Stunden. Und so weiter. Für die so genannten „Line Rules" gab es ein PDF als Merkblatt. Mehr dazu verriet auch die Website www.liningup.net.

Fans brauchen Riten

Wann immer wir von Kultmarken reden, sind Fans im Spiel. Fans sorgen dafür, dass sie sich ihre eigenen Erkennungszeichen, Fan-

Gesänge oder für Außenstehende nicht erkennbare Rituale schaffen. Auf dem Sportplatz heben sich die Hardcore-Fans durch ihre Bekleidung von den normalen Zuschauern ab. Die Star Wars Fans sind da ganz ähnlich. Wenn sie ihren Film anschauen, kommen sie in fantasievollen Kostümen und inszenieren sich damit auch ein bisschen selbst. Clevere Kinobesitzer binden sie ein, indem sie Sonderpreise für Kostümierte machen oder die besten Kostüme prämieren. Der Kostümkult hat inzwischen zahlreiche Websites hervorgebracht, die sich diesem speziellen Aspekt des Star Wars Kultes widmen. Unter anderem eine Website nur für weibliche Star Wars Kostümfans.

Auf den Live-Konzerten der Musikgruppe „de Randfichten" kann man ebenfalls die Insider von den Outsidern unterscheiden. So werden beim Volksmusikhit „Holzmichl" während jeder Strophe andere Gegenstände von den Fans hochgehalten.

Der Gastronom Gerhard Schoolmann berichtet in seinem Blog „Gastgewerbe Gedankensplitter" darüber, wie Gaststätten mit Ritualen, die nur Eingeweihte kennen, die Kundenbindung erhöhen.

Rituale für Eingeweihte

> „Einer meiner Tipps, die Gästebindung zu erhöhen, ist, man sollte den Gästen Rituale bieten, also informelle Verhaltensweisen und Abläufe, deren Kenntnis ihn zum Insider machen und die er als Insider-Wissen weitererzählen kann.
> So hat vor ein paar Jahren die Brauereigaststätte Schlenkerla in Bamberg einen Volkszorn entfacht, als der „Schnitt" abgeschafft worden ist. Der „Schnitt" ist ein gut halb voll gefülltes Seidla (0,5 l) Glas Bier (halb voll mit Bier und Schaum bis zum Anschlag), den man zum halben Preis eines ganzen Seidlas bekommt. Die Regeln sind: Um einen Schnitt bestellen zu dürfen, muß man vorher mindestens ein ganzes Seidla bestellt haben. Es gibt nur einen Schnitt."
> *GerhardSchoolmannhttp://www.abseits.de/weblog/2005/09/der-schnitt.html*

4.
Marketeaser im Netz

◆

In diesem Kapitel erfahren Sie unter anderem:

Dass Kunden besser vernetzt sind als Sie denken.
Wie man sich Links verdient.
Dass kollektive Intelligenz auch den Job kosten kann.
11 Gründe, warum Sie bloggen sollten.
Welche Websites magnetisch wirken.
Was Passive Promotions mit dem Bierdeckel-Briefing zu tun haben.

Das Internet: Ihr neues Alpha-Medium

Was für den Old School-Werber das Fernsehen, ist für Sie als Marketeaser das Internet. Das neue Leitmedium. Das Alpha-Medium.

Laut Statistischem Bundesamt nutzen in Deutschland bereits 76 von 100 Einwohnern das Internet. Wenn es irgendwo die Chance gibt, gute Angebote von schlechten zu unterscheiden, Werbung, die Spaß macht von solcher, die langweilt zu separieren oder festzustellen, wie bemerkenswert die eigenen Worte und Taten tatsächlich sind, dann ist es das Internet. Das Internet gibt Ihnen die Erkenntnis.

In keinem anderen Medium greifen die Netzwerkeffekte, die über Topp oder Flop innerhalb weniger Stunden entscheiden können, so gewaltig durch wie im größten Netzwerk der Welt. Old School-Werber haben den wahren Wert des Netzes noch nicht begriffen. So, wie sie einst auf die Einschaltquoten beim TV gelinst haben, versuchen sie jetzt die Hits oder die Page-Views zum Maß aller Dinge zu machen. Sorry, das ist das Denken der Old School-Werber. Im Internet zählt nicht die Quantität der Kontakte, sondern die Qualität der Interaktion. Im Internet zählt überhaupt nur die Interaktion.

Page Views kein Maßstab

Fehlstart der Old School-Werber

Old School-Werber erleiden täglich mit ihren Werbeideen fürs Internet Schiffbruch. Und besonders kreativ sind sie bislang auch nicht. Können Sie sich vorstellen, dass in den ersten 15 Jahren der Online-Werbung nur ein einziges Werbeformat entwickelt wurde? Noch dazu eins, das überhaupt nicht wirkt? Ich spreche vom Werbebanner, einem der Werbemittel, dessen Wirkungslosigkeit in zahlreichen Tests bereits bewiesen wurde.

Kaum waren die ersten kleinen bunten, zappelnden Werbungen auf den Bildschirmen erschienen, stellte man fest: Werbebanner werden gar nicht beachtet! Flugs wurde ein neues Fachwort geboren: die Banner-Blindness.

Blind für Banner

Banner-Blindness – keiner sieht die Werbung

Trotz dieser allgemein bekannten Erkenntnis bleiben die Old School-Werber stur. Schließlich haben sie die Technik des hartnäckigen Unterbrechens von der Pike auf gelernt. So wundert einen fast gar nicht mehr, dass ihre einzige Schlussfolgerung in punkto Banner-Blindness die ist, die Banner einfach riesengroß zu machen und dem Kunden in den Weg zu stellen. Die Frechheit geht weiter: Werbebanner werden nicht nur größer, sie wandern auch über die Bildschirmfläche, legen sich über den Inhalt, den man gerade zu lesen begonnen hat. Übrigens haben sie den Schließen-Knopf nahezu unsichtbar gemacht oder so klein, dass der Versuch, das Banner wegzuklicken, unweigerlich scheitern muss. Man landet versehentlich auf der Website des Bannerwerbers und wird später in der Erfolgsstatistik unter Page-Views und Hits geführt. Müssen die es nötig haben! Ein gelegentliches Mitlesen in Online-Foren, Chats oder Blogs würde den Old School-Werbern zeigen, was die Kunden über derart aggressive Werbeformen denken. Und manche strafen die nervigen Firmen nicht nur mit Verachtung, sondern auch mit Kaufboykott.

Ein Rohrkrepierer – das flashige Intro

Ein Old School-Werber, für den das Fernsehen das Maß aller Dinge ist, kann sich nun einmal nicht an HTML gewöhnen. Werbeleute, die es bunt und eigenwillig mögen, haben deshalb ihre Websites – und die ihrer Kunden – komplett mit der Software Flash erzeugt.

Flash ermöglicht eine Menge trickfilmartiger Effekte. Die Erstellung einfacher PC-Spiele und – wie viele Flash-Entwickler meinen – eine weitaus elegantere Nutzerführung. Leider hat es nur einen Nachteil: Flash-Dateien wurden bis zum Jahre 2003 von der Suchmaschine Google überhaupt nicht gefunden. Eine Erkenntnis, die jeder Old School-Werber in einem der unzähligen Webentwickler-Foren hätte nachlesen können. Und eine Tatsache, die jedem Flash-Entwickler bekannt war. Unverdrossen bauten sie für sich selbst oder für ihre Kunden Webseiten, die etwa so gut aufzuspüren waren wie das Ungeheuer von Loch Ness. Hauptsache die Seiten sahen dynamisch aus. Wer sich gegen die Ideologie von Kundenseite zur Wehr setzte – immerhin saßen den Top-Kreativen hin und wieder gestandene Webmaster gegenüber –, ließ sich dann wenigstens noch auf einen faulen Kompromiss ein. Und der ging so: Man baut eine einigermaßen vernünftige Webseite, die von Google und Co. ausgewertet werden kann. Und vor das Ganze hängt man dann ein „flashiges“ Intro. Ein Pyrrhus-Sieg für die Kreativen, eine Niederlage für die Kunden. Wer eine Website aufsucht, in der Hoffnung,

Für Google nicht auffindbar

dort eine gewünschte Dienstleistung oder ein gesuchtes Produkt vorzufinden, wird erst mal gezwungen einen Werbefilm anzusehen. Stellen Sie sich mal vor, Sie wollen Ihr Fahrrad zur Reparatur bringen, werden aber erst bedient, wenn Sie sich im Eingangsbereich ein Tour de France Video angesehen haben. Old School-Werber hängen der Auffassung an, mit zappelnden oder rotierenden grafischen Elementen, wie Schriften oder Logos, die Aufmerksamkeit der Surfer zu gewinnen und sie somit positiv auf die Webseite einzustimmen. Aber erstens warten Surfer nicht gerne, zweitens sind 99 % der Flash-Intros öder als ein TV-Vorspann und drittens verändern Flash-Intros die „Erlebnisqualität“ des Netzes, wie der Psychologe Thomas Wirth anmerkt.

> „Das Besondere am Netz ist das Erlebnis aktiv zu sein, zu steuern, jederzeit in das Geschehen einzugreifen und kontrollieren zu können ... Flash-Videos verändern die Erlebnisqualität beim Surfen. Sie stülpen sie um, indem sie aus Benutzern Zuschauer machen.“ *(Thomas Wirth, Missing Links, Seite 240)*

Im TV-geprägten Menschenbild der Old School-Werber sind Surfer so apathisch und passiv wie Couch-Potatoes. Wehe, wenn sie einem Konsumenten der Joystick-Generation begegnen.

Marketease

- **Werden Sie Teil des Netzes und knüpfen Sie darin Ihre eigenen Verbindungen.**

Im Internet weiß niemand, dass Sie ein Hund sind

Das ist der Inhalt eines berühmt gewordenen Cartoons aus den Anfangszeiten der Webeuphorie, das schon sehr treffend zeigte, dass ein Auftritt in der virtuellen Welt tatsächlich mit der realen „Meat World“ nichts zu tun zu haben braucht. Die Tatsache, dass eine virtuelle Realität im Gegensatz zur realen „frei“ erfindbar ist, bringt natürlich die Old School-Werber auf eine Menge dummer Ideen. Doch davon später. Wenden wir uns lieber den Chancen zu, die diese simple Erkenntnis für den Marketeaser bietet.

Das Web schafft eine Chancengleichheit, wie sie im realen Leben nicht gegeben ist. Wie groß und bedeutend ein Unternehmen ist, lässt sich anhand der Webseiten, die in den Browser geladen werden, auf Anhieb nicht unterscheiden. Während man in der „Meat World“ beim Betreten eines Geschäftes Unterschiede feststellen und bewerten kann – etwa ob die Eingangshalle mit Marmor oder Spanplatten gepflastert ist –, ist die einzige Möglichkeit einen Anbieter im Internet einschätzen zu können, eine Bewertung der vorgestellten Inhalte aus Bits and Bytes.

Egal, ob Großkonzern, mittelständisches Unternehmen, Ich-AG oder ambitionierte private Homepage – sie alle verfügen über die gleichen preiswerten Produktionsmittel. Die puren Größenvorteile, die im realen Leben einen Unterschied ausmachen, zählen hier nicht. Size does matter? Nicht im Internet!

Unternehmen haben im Netz das Nachsehen

Unternehmen haben im Netz keine bessere Ausgangsposition als Privatpersonen, große Unternehmen sind gegenüber kleineren nicht im Vorteil. Aber Unternehmen sind generell schlechter dran. Denn die Millionen privater Websites, Foren, Blogs oder von Fans betriebenen Portalseiten haben gegenüber den monolithischen Websites der großen Unternehmen einen riesigen Vorteil. Sie sind vernetzt. Konsumenten sind vernetzt, Unternehmen nicht.

Unternehmen haben Kontakte zu Lieferanten, Großabnehmern, Händlern, Verbänden, Lobbyisten, Politikern oder den Massenmedien – sie haben aber in vielen Fällen keine Kontakte zu den Konsumenten.

Kontakte zu Konsumenten

Während die Old School-Werber das Internet als eine Art Vertriebskanal für Werbung betrachtet haben, haben die Konsumenten es zum Knüpfen von Geschäftskontakten, Freundschaften, dem Auffinden von Gleichgesinnten und dem Beginn gemeinsamer Aktivitäten genutzt.

Vernetzung, der neue Machtfaktor

Pete Blackshaw, ein ehemaliger Procter & Gamble Manager und Gründer der Website Planetfeedback, der Vorschläge, Kritik, Lob oder Beschwerden von Konsumenten sammelt, konnte sich von der weit reichenden Macht der Vernetzung selbst überzeugen. Alles fing an, als er Besitzer von Hondas erstem Hybridfahrzeug wurde. Stolz darauf, zu den ersten Fahrern dieser umweltfreundlichen Pkws zu gehören, startete er ein Blog namens hybridBuzz.com. Dort wollte er über seine Erfahrungen berichten, sich mit anderen Fahrern von Hybridfahrzeugen austauschen und andere mit seiner Begeisterung anstecken. Es kam anders. Er entdeckte, dass die Verbrauchsdaten seines Fahrzeugs weit über den Herstellerangaben lagen. Natürlich veröffentlichte er diese Beobachtung in seinem Blog. Wenig später meldeten sich die angesehenen Online-Magazine Wired und Slashdot bei ihm, um mehr darüber zu erfahren. Als deren Journalisten über die Diskrepanz zwischen Herstellerangaben und Kundenerfahrung berichteten, dauerte es nur ein paar Stunden und Blackshaw erhielt weit über 2.000 E-Mails und Messages von Leuten, die näheres wissen wollten oder über ähnliche Erfahrungen berichteten. Drei Tage später sendeten die CBS Abendnachrichten einen 3-Minuten-Beitrag über Hybridfahrzeuge und die offensichtlich geschönten Herstellerangaben. Von nun an führte er seine Auseinandersetzung mit inkompetenten Honda-Werkstätten oder abwiegelnden Herstellerreaktionen öffentlich.

Ohne Vernetzung findet Sie keiner

Im Dezember 2004 startete H&M in typischer Old School-Werbemanier eine monströse, überdimensionierte Kampagne, um die Kollektion von Karl Lagerfeld anzukündigen. Es ist eines der eklatantesten Beispiele für ein Überflutungsmarketing nach dem Tsunami-Prinzip, mit dem große Marken ihr Budget verschwenden.

Tsunami-Marketing

In der Schweiz buchten die H&M Werber tatsächlich alles, was sie bekommen konnten. Ein Zweiminuten-Spot lief in allen 484 Kinos der Schweiz exklusiv, was bedeutet, dass sämtliche Schweizer Kinos auf jegliche andere Werbung verzichteten. Auch Zeitschriften wie „Der Blick" und „Le Matin" waren exklusiv gebucht, d. h. außer H&M Inseraten erschienen am Aktionstag keine anderen Anzeigen.

Am Züricher Hauptbahnhof sah es nicht anders aus – dort wurden sämtliche Plakatflächen in der Straßenbahnwartehalle belegt.

Zeitgleich zur Aktion schrieb ich darüber in meinem Blog einen kritischen Beitrag. Sie fanden ihn noch drei Monate später, als ich die erste Auflage dieses Buch verfasste, auf Nummer 1 der Google Ergebnisse, wenn Sie die Begriffe „H&M + Lagerfeld" eingegeben hatten. Obwohl der Konzern seine größte Marketingaktion überhaupt gestartet und Millionen in ganz Europa dafür investiert hatte, konnte der einzige Bericht eines einzelnen Bloggers an der Spitze aller Suchtreffer erscheinen. Das zeugt davon, dass Geld im Internet nicht viel hilft. Das Einzige was hilft, sind Links. Denn die Suchmaschine Google bewertet Webseiten, auf die zahlreiche Links verweisen, höher, als Webseiten, auf die weniger verlinkt wird. Und eine Website, die höher bewertet wird, wird als relevanter für die Suchanfrage angesehen und bei den Google Suchtreffern also an vorderer Stelle platziert. In meinem Fall wurde der kritische Beitrag über die H&M „Lagerfeld Kampagne“ so häufig verlinkt, dass er bei Google noch weit vor der Website von H&M auftauchte. Durch ein Millionen-Budget erkaufte sich H&M die Aufmerksamkeit in TV, Tageszeitungen und Zeitschriften und in der Außenwerbung. Im Web lagen sie abgeschlagen auf den hinteren Plätzen.

Links muss man sich verdienen

Eine schnell aus dem Boden gestampfte Branche lebt davon, Unternehmen bei den Google Suchtreffern nach vorne zu bringen. Immer auf der Suche danach, wie der Google Algorithmus arbeitet und mit welchen Tricks man ihn bedienen kann. Die Idee der Linkfarmen entstand – es waren Websites, die nichts als die Aufgabe hatten, eine Vielzahl von Links auf die Seite des Auftraggebers aufzubauen. Der plumpe Trick funktionierte eine Zeit lang ganz wirkungsvoll. Bis Google die Websites, die nach solchen Methoden versuchten, in der Suchtrefferliste nach oben zu wandern, vom Index ausschloss.

Marketease

- **Im Netz sind Sie Gleicher unter Gleichen.**

Dass sich ein Marketeaser als Gleicher unter Gleichen sieht, ist nicht etwa Ausdruck einer besonderen Gesinnung, Ethik oder gar einer neukommunistischen Verbrüderungsideologie. Es ist nun mal eine Tatsache, dass der Zugang und die Nutzungsmöglichkeit für jeden im Netz gleich sind. Ein Teilnehmer, der soeben noch Empfänger war, kann in Nullkommanix zum Sender werden. Je schneller Sie diese Erkenntnis akzeptieren, umso besser für Sie.

Das Web: die Heimat der Kunden

Unter den Millionen Websites weltweit sind die Business-Seiten in der Minderheit. Denn das Web ist die Heimat der Kunden. 10 % der deutschen Bevölkerung verfügen über eine eigene Website und sind damit von der Rolle des stillen Empfängers zum aktiven, manchmal lautstarken, Sender gewechselt. Diese privaten Websites dienen der Darstellung der eigenen Person, von Vorlieben und Hobbys, der Kommunikation und dem Auffinden Gleichgesinnter – seien es Kaninchenzüchter oder Wäschefetischisten.

Die Konsumenten tummeln sich in Chatrooms und Foren und stören die bislang konfliktarme Vermarktung der Musikbranche durch den massenhaften Musiktausch in Peer-to-Peer-Netzwerken. Sie schließen sich in Business-Clubs oder Freundschaftsnetzwerken zusammen. Oder schaffen sich gleich ihr eigenes Publikationsorgan: ein Blog.

Blogs, die neue Größe?

Verniedlichen hilft nicht

Blogs sind häufig aktualisierte Webseiten, deren Beiträge in umgekehrt chronologischer Reihenfolge erscheinen. Oje! Definitionen sagen zwar nichts Falsches, aber drücken nur einen ganz kleinen Teil dessen aus, was über Blogs wirklich zu sagen ist. Von den Old School-Medien – gerade denen aus der Totholz-Fraktion – werden sie regelmäßig als Online-Tagebücher verniedlicht oder zunichte gemacht. In Wahrheit sind Blogs so etwas Revolutionäres wie die ersten Druckmaschinen, nur dass sie im Gegensatz zu den mechanischen Ungetümen, die ein Vermögen kosteten, aus einem kleinen Stück Software bestehen, das kostenlos erhältlich ist. So wie die Buchmaschinen es ermöglichten, Wissen und Nachrichten zu reproduzieren und anschließend zu verbreiten, ermöglichen Blogs, das Gleiche im digitalen Zeitalter zu tun. Das Ganze ist so einfach und preiswert, dass Millionen Menschen auf der ganzen Welt bereits Blog-Autoren oder „Blogger“, wie sie sich selber nennen, geworden sind.

Hallo Presse! Das Monopol der Nachrichtenverbreitung fällt

Wenn sich Blogs durchsetzen, wird das Monopol der Nachrichtenverbreitung, das bislang bei Zeitungen und Zeitschriften, TV- oder Rundfunkstationen lag, nicht mehr zu halten sein. Und bereits jetzt ist die Stellung der herkömmlichen Medien gewaltig angekratzt.

Ihre ersten Höhepunkte erlebten die noch zahlenmäßig wenigen Blogs ausgerechnet in der Zeit nach dem 11. September. 2001. Die Nachfrage nach Nachrichten war in diesen Tagen so stark, dass zahlreiche Nachrichtenseiten unter dem Ansturm der Surfer zusammenbrachen. Die Stunde der Blogs kam. Denn das ungeheure Mitteilungs- und Informationsbedürfnis löste einen Boom bei Blogs aus. Immer mehr Seiten entstanden und stellten Neuigkeiten, Berichte oder Bilder der grauenhaften Ereignisse ins Netz. Und der Zusammenbruch der Nachrichtenserver führte dazu, dass Informationen über das Geschehen auf den privaten Nachrichtenseiten der Blogger abgefragt wurden.

Du bloggst? Ich glaub' dir

Im Irak-Krieg lag die Sache schon wieder ganz anders. Denn da waren die Blogs noch stärker gefragt. Aber warum? Weil viele, die den Beteuerungen ihres Präsidenten und der Darstellung in den Medien nicht glaubten, sich den Blogs als einzige unabhängige und glaubwürdigste Nachrichtenquelle zuwandten. Blogs berichteten über Massendemonstrationen von Kriegsgegnern in New York und Washington, die in den etablierten Medien einfach nicht stattfanden.

Und in Bagdad berichtete ein irakischer Bürger vom Leben aus der eingeschlossenen Hauptstadt, von den letzten Tagen des Saddam-Regimes und dem Vorrücken der US-Truppen. Erstmals mussten die etablierten Medien sich privat erstellter Nachrichtenseiten von Hobby-Journalisten bedienen, um überhaupt an Informationen zu kommen – die offiziellen Journalisten reisten schließlich als „eingebettete Journalisten" mit den Soldaten.

Die Abhängigkeit großer Medien von Werbeeinnahmen, ihrer Kontrolle und Einflussnahme durch Interessengruppen, macht diese in den Augen zahlreicher Leser potenziell unglaubwürdiger als das, was der Nachbar sagt. Die Leute sind hungrig nach Authentizität, und sie wollen nicht übers Ohr gehauen werden. Natürlich führt das zu paradoxen Situationen. Heute glaubt man einer anonym im Chatroom vorgetragenen Meinung mehr als der Website eines Unternehmens oder einer Institution.

Hunger nach Authentizität

Achtung, kollektive Intelligenz

Der 73-jährige Dan Rather, einer der profiliertesten Journalisten Amerikas, wurde binnen weniger Stunden von Bloggern demontiert. In einem 60-minütigen Beitrag im Fernsehsender CBS wollte er die Militärzeit von George W. Bush kritisch beleuchten. Er präsentierte dabei Aktennotizen aus den Jahren 1971 bis 1973, die beweisen sollten, dass sich Nationalgardist Bush einige schwere Versäumnisse während seiner Dienstzeit hatte zuschulden kommen lassen. So hätte er gemäß einem der Dokumente einen ausdrücklichen Befehl, sich einer ärztlichen Untersuchung zu unterziehen, missachtet. Eine andere Aktennotiz sollte belegen, dass Bushs Vorgesetzte von höherer Stelle angewiesen waren, sein Dienstzeugnis zu schönen. Als die Dokumente dann im Netz veröffentlicht wurden, erwiesen sich Blogger als die besseren Schriftstückexperten. Jemand fand heraus, dass alle vier Dokumente millimetergenau eingemittet waren, was mit einer Schreibmaschine nicht möglich gewesen wäre. Ein anderer entdeckte, dass die Dokumente mithilfe von Microsoft Word und der Times Roman-Schrift gefertigt wurden. Und plötzlich meldeten sich hunderte von Leuten, Militärexperten, Computerfachleuten, Schreibmaschinensammlern, ja sogar Zeugen aus der damaligen Militärzeit, im Internet zu Wort und deckten immer weitere Ungereimtheiten auf. Bis innerhalb eines Tages klar war: Die Aktennotizen, die Bush belasten sollten, waren gefälscht. Dan Rather versuchte vom TV-Studiosessel aus noch ein paar Tage zurückzuschießen, dann entschuldigte er sich.

Blogger als Experten

Ein Krake mit nachwachsenden Armen

Damit zeigt sich, dass die privaten, von Bürgern oder Konsumenten initiierten Medien der etablierten Konkurrenz in einem ganz vitalen Punkt weit voraus sind. Die vielen hundert oder tausend Blogs haben keine Achillesferse – dank ihrer Netzwerkstruktur. Wenn ein Server ausfällt, kommt ein anderer nach. Während man in den Propagandakriegen der Vergangenheit Radiosender und Fernsehstationen besetzen oder mundtot machen musste, wird eine einmal ins Internet gesetzte Nachricht kaum mehr von ihrer immer weiteren Verbreitung aufzuhalten sein.

Reaktionsgeschwindigkeit: Echtzeit

Die von Konsumenten generierten Medien sind schneller als nahezu jedes andere Medium. Nur in ganz seltenen Fällen gelingt es TV oder Radio, durch eine Live-Sendung den digitalen Medien, die Konsumenten in der Hand halten, in punkto Geschwindigkeit nahe zu kommen. Ansonsten sind sie im Hintertreffen, sei es durch Produktionszeit, materielle Umstände der Produktion oder ihre hierarchische Struktur, die eine Nachrichtenauswahl von freien Mitarbeitern über Redakteure bis hin zum Chefredakteur erfordert. Ein Blogger (er könnte auch einen Nachrichtendienst via Handy betreiben) ist zu jeder Zeit und an nahezu jedem Ort fähig, in Echtzeit seine Ansichten, Beobachtungen oder Berichte zu kommunizieren.

Wie Blogs Nachrichten verbreiten

Blogs stehen, was ihre Entwicklung und Verbreitung angeht, zwar noch am Anfang, trotzdem sind sie erstaunlich gut gerüstet für einen rasanten globalen Datenaustausch in Echtzeit.

Also, warum verbreiten sich Meldungen via Blogs so schnell? Weil sie ein paar eingebaute Weiterverbreitungsmechanismen haben, die andere Websites noch nicht nutzen. Das sind sie:

Ping

Wann immer eine neue Nachricht ins Blog gestellt wird, kann man ein anderes Blog darüber automatisch informieren. Pings gehen meist an Meta-Sites – eine der zahlreichen Dienste, die eigens geschaffen wurden, um die Inhalte und Verknüpfungen von Blogs darzustellen. Auf der Meta-Site von ICEROCKET *(http://www.icerocket.com)* kann man verfolgen, welches die aktivsten Blogs sind und welche Nachrichten derzeit am häufigsten diskutiert werden.

Trackback

Wenn Blog A eine Nachricht ins Netz stellt und Blog B darüber berichtet, sorgt die Trackback-Funktion dafür, dass Blog A über diesen Bericht informiert wird. Der Traum eines jeden Autors – zu wissen, wo er zitiert wird. Damit trägt die Trackback-Funktion dazu bei, Personen mit gleichartigen Interessen zu verknüpfen.

RSS

Abos frei Haus

Wer Inhalte eines Blogs lesen will, ohne es täglich zu besuchen, liest seinen RSS-Feed. Ein Nachrichtenkanal, den man direkt beim Blog mit einem Klick abonniert und über einen Reader auf dem eigenen Rechner liest. Wahlweise kann man über Dienste wie Bloglines hunderte dieser RSS-Feeds abonnieren und auf einer individuell konfigurierbaren Empfangs-Webseite abrufen. Das verschafft einen schnellen Überblick über die Nachrichtenlage und ermöglicht es den Bloggern, dutzende – oder manchmal gar hunderte – von Nachrichtenlieferanten im Auge zu behalten.

◆ **Wie Sie herausfinden, was im Web über Sie gesprochen wird:**

- Geben Sie den Namen Ihres Unternehmens oder des zu untersuchenden Produkts oder Projekts als Suchbegriff bei der Google Alerts-Seite ein (http://www.google.de/alerts?hl=de),
- Geben Sie das Stichwort ein, über das Sie sich informieren wollen,
- Geben Sie Ihre E-Mail-Adresse ein,
- Legen Sie fest, wie oft Sie über neue Suchtreffer zu diesem Begriff per E-Mail informiert werden wollen .

Blogs contra Websites – wo jeder Beitrag zählt

Möglicherweise ist das Blogformat das erste Publikationsformat, das sowohl den Eigenarten des Netzes als auch den Nutzungsgewohnheiten der Surfer entspricht. Vergleichen Sie ein Blog einmal mit einer Unternehmenswebsite. Fangen wir mit der normalen Website an:

Die Website-Nabelschau

Dort sind die Informationen fein säuberlich abgelegt – in Schubladen, die mit den Worten „Unser Unternehmen", „Unsere Produkte", „Unser Shop" bezeichnet sind. Wenn man Glück hat, kommen dann noch die Mitarbeiter und die Kunden darin vor. Sieht ein bisschen so aus, als hätte jemand eine Nullachtfünfzehn-Checkliste einfach ins Netz gestellt. Wenn man besonders viel Glück hat, enthält eine Normalo-Website auch noch eine Rubrik „News". Die ist allerdings in 90% der Fälle ein Etikettenschwindel. Neu sind dort enthaltene Nachrichten vielleicht bei 10% aller Websites.

Anders ein Blog. Dort gibt es nur Nachrichten. Und es zählt jeder Beitrag. Denn genau um den einzelnen Beitrag entwickeln sich in einem Blog Kommentare, Diskussionen und Gespräche.

◆ **Elf Gründe, warum Sie als Marketeaser bloggen sollten. Und was Sie dabei bedenken müssen:**

1. Weil Ihre Kunden es tun.
Die Old School-Werber wären damit zufrieden, ihre Botschaften in die Welt hinauszuposaunen. Hier Unternehmen, da Kunde. Vorgestanzte Marketing- und PR-Meldungen werden über wohl gesonnene Medien an ein Massenpublikum verbreitet. Und heute zählt jeder Einzelne. Und es kommt darauf an, wie gut ein Unternehmen in die Welt der Kunden

integriert ist. Anders gesagt: Wer nicht bloggt, wird irgendwann von seinen Kunden vor die Tür gestellt.

2. Weil Sie mehr Kontakte knüpfen.
Blogger sind kommunikative Wesen. Sie gehören zu den glücklichen wenigen, die kreative Fähigkeiten haben und ein Werkzeug, um diese auszudrücken: ihr Blog. Wer als Blogger lang allein bleibt, ist vermutlich autistisch veranlagt: Alle anderen knüpfen im Handumdrehen zahlreiche neue Kontakte zu Gleichgesinnten.

3. Weil Sie intensivere Beziehungen knüpfen.
Der Unterschied zwischen einer Website und einem Blog ist manchmal wie der zwischen einem One-Night-Stand und einer auf Dauer angelegten Beziehung. Die Art und Weise, wie Informationen kommentiert und kritisiert werden, wie man in Blogs Diskussionen führt, ähnelt in der Mehrzahl der Fälle einem partnerschaftlich-freundschaftlichem Gespräch.

4. Weil Sie wieder normal reden lernen.
In einem Blog sind Marketinggesülze und PR-Blabla etwas so beliebt wie ein Zeitschriftendrücker an Ihrer Haustür. In einem Blog lernen Sie – oder die Jungs von der Marketingabteilung – wieder so normal zu reden wie Ihre Kunden. Sie wollen doch Ihrem Kunden näher kommen? Am liebsten gelobt und ins Herz geschlossen werden. Dann verwenden Sie keine gestelzte Sprache, die Distanz aufbaut. Mag sein, die Leute aus der Werbeabteilung sind schon so verbogen, dass sie das nicht mehr hinbekommen. Dann lassen Sie sie lieber Excel-Sheets auswerten, aber setzen Sie sie nicht ans Blog!

5. Weil Sie Teil der Blogosphäre werden.
Ein gewaltiges Netzwerk
Fangen Sie zu bloggen an und Sie werden von der Blogosphäre aufgenommen. Lernen Sie ihre Regeln, Gewohnheiten und Vorlieben kennen und Ihnen steht ein gewaltiges Netzwerk weltweit offen. Größer als das der Zeugen Jehovas. Lebendiger als das der Leute, die sich in Rotary Clubs und auf Golfplätzen herumtreiben. Wenn Sie Teil der Blogosphäre werden wollen, müssen Sie allerdings das, was man Ihnen gibt, auch zurückgeben. Werden Sie aktiver Kommentator in anderen Blogs. Zitieren Sie Blogger und diskutieren Sie ihre

Einträge. Helfen Sie ihnen, ihren Content zu verbreiten und sie werden Ihren verbreiten. Sofern Sie Regel No. 4 nicht verletzt haben.

6. Weil Sie die Suchmaschinen lieben werden.
   Wenn Sie Ihr Ranking bei den Suchmaschinen verbessern wollen, müssen Sie sofort zu bloggen anfangen. Die ständige Aktualisierung von Blogs, ihre Konzentration auf Content, die unproblematische Auswertung des XML-Formates – im Gegensatz zu Flash & Co – sowie die starke Vernetzung und Verlinkung führen dazu, dass Blogs meist einen höheren Page-Rank als „normal" betriebene Websites haben.

7. Weil es nahezu kostenlos ist.
   Hohe Kosten für Software, aufwändige Serverparks? Können Sie bei Blogs vergessen. Basisangebote für Blogs sind meist kostenlos. Und die anderen kosten pro Monat weniger als eine Kinokarte.

8. Weil es jeder im Unternehmen tun kann.
   Jeder Mensch ein Blogger
   Bloggen fällt nicht mehr unter das Hoheitsgebiet ausgebildeter Journalisten, Werbetexter oder Redakteure. Jeder, der sich wie ein normaler Mensch ausdrücken kann, kann auch bloggen. Warum soll der kompetente Techniker nicht den Kundendienst via Blog erledigen? Der Reiseleiter die Tipps für Urlaubsziele nicht persönlich verraten? Bedienerschulung, umständliche Einweisung – nicht nötig. Die Bedienung von Blogs ist so einfach, dass die meisten Benutzer innerhalb weniger Minuten mit dem Veröffentlichen loslegen können.

9. Weil Sie es überall tun können.
   Sie brauchen dafür kein aufgeräumtes Büro oder Besprechungszimmer. Bloggen kann man von überall. Von der Messe, von unterwegs, aus dem fahrenden Zug heraus. Nicht mal einen Internetanschluss braucht es dafür. Jede gängige Blog-Software ermöglicht es, Texte und Bilder per SMS oder MMS zu überspielen und zu veröffentlichen.

10. Weil Sie es sofort tun können.
    Bloggen ist die schnellste Art des Publizierens. Sie können live bloggen – von der Messe, von der Konferenz, aus dem Verkaufsraum oder direkt aus dem Wohnzimmer Ihres Kunden.

11. Weil Sie Ihre Kompetenz zeigen können.
Nehmen Sie sich ein bestimmtes Thema vor und zeigen Sie, dass Sie der Experte dafür sind. Viele Blogs sind themen- oder branchenbezogen und manche sammeln, verdichten und streuen Nachrichten besser als viele Fachzeitschriften – vor allem, wenn deren Online-Angebot nur als Werbetafel für ihr gedrucktes Pendant dient.

Bloggende Bosse und bloggende Fans

Bob Lutz gehörte zu den ersten Topmanagern die bloggten. Immerhin ist der Mann Vizepräsident des größten Automobilkonzerns der Welt, General Motors. „GM Fastlane Blog" heißt der Blog, in dem er Nachrichten und Einblicke in den Konzern zum Besten gibt. Bob Lutz beschreibt, warum er selbst begeistert ist von der Autoindustrie. Er gibt Insider-Einblicke zur Detroiter Motor Show wieder. Und er nutzt es zur Bekanntgabe exklusiver Nachrichten – die Markteinführung des Pontiac Solstice, eines kleinen Roadsters für Einsteiger zu einem Preis von unter 20.000 Dollar, wurde zuerst in seinem Blog verkündet.. Bob Lutz sagt, das Blog „bietet eine der wenigen Gelegenheiten, das was wir zu sagen haben ohne Medienfilter an die Öffentlichkeit zu bringen". Das nutzten er und Chef Fritz Henderson auch in der Automobilkrise recht offen und ohne Schönfärberei.

Austausch mit den Nutzern

Die Softwarefirma Macromedia macht deutlich, wie wichtig Blogs für Service und Support und den Austausch hierüber mit den Nutzern werden können. Hier sind es mehrere Produktmanager, die als Experten zu ihren Produkten bloggen. Erfolgsrezept der Macromedia Blogs: Die einzelnen Blogger haben durchaus die Freiheit, neben Themen, die Macromedia und seine Produkte betreffen, Themen anzuschneiden, die sie persönlich interessieren. So diskutieren sie aktuelle Technologietrends mit den Lesern des Blogs.

Auch IBM hat das Bloggen früh für sich entdeckt. Als erstes Unternehmen dieser Größenordnung fordert es alle 130.000 Mitarbeiter auf, über IBM und seine Produkte und Dienstleistungen zu bloggen. Eine positive Berichterstattung über die IBM Produkte könne schließlich dazu beitragen, Arbeitsplätze zu sichern und helfen, Marketing- und Werbekosten zu reduzieren. Neben den gewaltigen Auswirkungen auf die Google-Relevanz von IBM, die tausende von Blogs mit sich bringen, geht es vor allem darum, sich an

Fachgesprächen zu beteiligen, die online in Blogs und Communities geführt werden.

◆ **Zwölf Tipps, um ein Blog zu starten:**

1. Lesen Sie andere Blogs.
   Und entwickeln Sie ein Gefühl dafür, wie Themen in Blogs behandelt werden. Suchen Sie sich Blogs, die Ihnen gefallen. Bleiben Sie drei Monate am Ball.
2. Machen Sie einen Themenplan.
   Legen Sie die Themen fest, die im Blog behandelt werden sollen. Legen Sie fest, welche Themen nicht angesprochen werden sollen.
3. Behandeln Sie nur Themen, von denen Sie was verstehen.
4. Schreiben Sie selbst oder suchen Sie sich jemand, der schreiben kann.
   Nehmen Sie nicht den, der Ihre Prospekte oder Anzeigen textet. Bitte niemand, der die Pressemitteilungen verfasst. Nur ganz wenige Talente schaffen den Spagat zwischen den unterschiedlichen Textformen: Bloggen ist eine Textform für sich. Sie hat mit den anderen Textformen in etwa so viel zu tun wie ein klassisches Sonett mit moderner Lyrik.
5. Statten Sie Ihren Blogger mit genügend Kompetenzen aus.
   Kurze Entscheidungswege
   Eines Tages werden Sie auch kritische Kommentare in Ihrem Blog entdecken. Wenn Sie vor einer Antwort erst mehrere Hierarchiestufen abklappern und ein Meeting aller Betroffenen veranstalten müssen, vergessen Sie es. Ihre Reaktions- und Entscheidungswege müssen kürzer werden. Sehr kurz.
6. Überlegen Sie, wie Sie mit Kritik umgehen.
   Beim Bloggen ist der Rückkanal nicht nur weit offen, er ist auch sehr groß und aufnahmefähig. Eine Festungsmauer-Denke bringt Sie nicht weiter.
7. Machen Sie Trockenübungen.
   Ja. So ganz nebenbei. Üben Sie ruhig mal zwei Wochen im Stillen.
8. Fangen Sie an.
   Bevor Sie zu lange üben oder der Meinung sind, Sie könn-

ten jedes auftretende Problem vorab mit einer mehrseitigen Blogger-Policy lösen, fangen Sie lieber an. Ihren Kontrollfetischismus müssen Sie beim Bloggen an der Eingangstür zur Blogosphäre abgeben.

9. Lernen Sie aus Reaktionen.
   Endlich Feedback. Ich weiß noch, wie ich mich gefreut habe, als der erste Kommentar in dem Blog stand. Oder einer meiner Beiträge zitiert oder verlinkt wurde.
10. Gehen Sie auf Kommentare ein.
   Wer bei Ihnen kommentiert, hat sich Zeit genommen. Nehmen Sie sich genauso Zeit und beantworten Sie diese.
11. Entdecken Sie die Themen, die Ihre Leser interessieren.
   Irgendwann ergibt sich eine Hitliste der meistgelesenen und meistverlinkten Beiträge. Bringen Sie mehr davon. Scheuen Sie sich nicht, auch hin und wieder Ihre Blogleser direkt zu fragen.
12. Verbessern Sie Ihren Schreibstil.
   Führende Blogger haben eine tröstliche Erkenntnis für Sie bereit: Ihr Schreibstil verbessert sich von selbst, wenn Sie eine Zeit lang gebloggt haben.

Passive Promotions, die Marketeaser-Strategie im Netz

Ich gebe zu, ein Begriff wie „Passive Promotions" wirkt auf den ersten Blick nicht gerade prickelnd. Ist Passivität nicht eine Eigenschaft, die dem Unternehmertum diametral entgegengesetzt ist? Muss man nicht ständig aktiv sein, um neue Kunden zu gewinnen? Und haben Sie je davon gehört, dass man jahrelang Kunden gewinnen kann, nur auf Grund einer einzigen Werbemaßnahme? Bei den Passiven Promotions geht es genau darum: Einmal das Richtige anpacken, jahrelang davon zehren. Und es geht darum, respektvoll aufzutreten. Nicht mit der Tür ins Haus zu fallen. Der Passive Promoter ähnelt ein bisschen dem Zeugen Jehova, der mit dem Wachturm an der Straßenecke steht. Aber nur von der dezenten Methode her. Denn bei der Passiven Promotion geht es um die Stärke der Anziehung, die Sie als Marketeaser ausüben können. Also etwas Mag-

Respektvoll auftreten

netischeres als zwei ältere Herren, die ein bedrucktes Papier vor sich halten.

Ich kann verraten, es funktioniert: Das passive Vorgehen ist die perfekte Methode, in der Welt der Foren, Blogs, Netzwerke, Portale oder Communities unterwegs zu sein.

Aktive Promotions folgen dem Push-Prinzip. Aktive Promotions sind Anzeigen, Mailings und – im Online-Bereich – Werbebanner, E-Mail-Aussendungen, Google Adwords oder ähnliche bezahlte Suchmaschineneinträge. Und noch vieles mehr. Es sind all die Werbebotschaften, die Sie zum Kunden tragen müssen. Und zwar ständig von neuem. Sobald ein Mailing versandt wurde, muss man sich daran machen ein neues auszudenken. Wenn der Buchungszeitraum des Banners vorbei ist, muss man ihn eben verlängern. Man startet seine Werbemaßnahmen neu und bezahlt von neuem.

Passive Promotions

Dagegen sind Passive Promotions dem Pull-Prinzip verpflichtet. Sie gehören zu den Dingen, die auf der Website untergebracht, ein prima Futter für die Suchmaschinen darstellen. Die Surfer magnetisch anziehen und, wenn sie gut gemacht sind, auch noch die Mundpropaganda in Gang setzen. Bei den Passiven Promotions macht man einmal etwas, stellt es ins Netz und sieht zu wie die Downloadzahlen oder Besucherzahlen der Website ständig aufwärts gehen.

Kostenlose E-Books

Ist Ihnen schon mal aufgefallen, dass die Angebote kostenloser E-Books ständig steigen? Von überall kann man heute kurze Häppchen oder gar ganze Bücher kostenlos herunterladen. Um mein bei dtv erschienenes Taschenbuch „Werbung mit kleinem Budget“ zu promoten, habe ich es auf diese „passive“ Art und Weise probiert: Ich habe das begleitende Adressbuch „Wer macht eigentlich … Werbung für kleine Budgets?“ herausgegeben und darin 120 Unternehmen vorgestellt, die als Berater, Texter, Grafiker und Agenturen auf kleine Budgets spezialisiert sind. Schön geordnet nach Disziplinen und Postleitzahlen. Ergänzt mit einigen Tipps zur Werbung für kleine Budgets und ein bisschen Eigenwerbung für mein Taschenbuch. Und dann ins Netz gestellt. Viele Ratschläge, nützliche Adressen – das verbreitete sich ohne weiteres Zutun. Mehr als 40.000 Mal wurde es von meiner Website heruntergeladen.

Wie setzen Sie Passive Promotions in Gang, was eignet sich dafür?

Neben den kostenlosen E-Books eignen sich auch Checklisten, Artikel mit Ratschlagcharakter, Spiele oder andere Serviceangebote. Gerne auch Filme oder Audiobeiträge. Aber es muss nicht immer so aufwändig sein – eine gut kommentierte Linkliste oder ein kleines Fachwörterbuch haben ebenso Pull-Effekt. Alles, was Ihren Kunden nützt, Spaß macht oder ihr Leben irgendwie erleichtert, ist erlaubt.

Der Werbetexter Aurel Gergey setzt ebenfalls erfolgreich auf Passive Promotions. So bietet er zum Beispiel die Broschüren „Das Bierdeckel-Briefing" und „Formulieren: Guter Ausdruck macht Eindruck" auf seiner Website an. Er freut sich über tausende von Downloads dieser kleinen Broschüren, die er Konzentrate nennt. Auch das von ihm initiierte Wörterbuch hat schon dutzende von Sprachbegabten zum Formulieren angelockt, und lässt Leser über den Einfallsreichtum von Textern staunen.

MP3-Downloads bei Mercedes

Auf einer eigenen Website bietet der deutsche Automobilhersteller Mercedes Benz kostenlos legale Musik-Downloads an (http://www.mercedes-benz.com/mixedtape). Unter dem Titel „Mixed Tape" entstand eine ganze Reihe von Musikeditionen. Alle sechs bis acht Wochen werden rund ein Dutzend Songs internationaler Künstler vorgestellt und zum Download angeboten. Die Musikstile reichen von Pop über Dub und Jazz bis hin zu Big Beat und Hip Hop. Nachwuchs-Künstler können ihre Songs direkt über die Webseite einreichen und haben die Chance, in der nächsten Ausgabe der Mixed Tapes zu erscheinen. Die Stücke können direkt online gehört, als Datei heruntergeladen oder per E-Card verschickt werden. Zur mobilen Nutzung lassen sie sich natürlich auf eine CD-ROM brennen oder auf den MP3-Player überspielen. Auf Wunsch wird das dazugehörige CD-Cover gleich mit angefertigt und zum Download zur Verfügung gestellt.

Chancen für Nachwuchskünstler

Vom Mahnschreiben-Helfer bis zum Urlaubsmacher

Als Großmeister der Passiven Promotions kann Meinrad Müller, Chef der Allgäuer Firma Alpenland gelten. Der erfand bereits in den 90er Jahren des letzten Jahrhunderts Passive Promotions, die sich in Windeseile bis zu 100.000-fach verbreiteten und ihm zahllose Presseberichte, Radio- und TV-Auftritte bescherten. In den wirkungsvollsten Fällen waren dies kostenlose Software-Produkte, die Probleme lösten, die in jedem Büro oder Haushalt oder bei jedem Arbeitnehmer vorhanden waren.

Zum Beispiel der „Mahnschreiben-Helfer". 40 verschiedene Musterformulierungen auf einer Diskette, die 8.700 Mal angefordert wurde und über die in 80 Zeitungen berichtet wurde. Oder der Klassiker „Magic Holiday Maker", eine Software, die es ermöglicht, aus 30 Urlaubstagen unter Ausnutzung aller Brücken- und Feiertage locker 59 zu machen.

In zwei Büchern beschreibt er seine tollsten Beispiele und verrät nicht nur wie er es gemacht, sondern auch was es gebracht hat. Sie finden sie auf der Website http://www.alpenland.de, und wen wundert es: Sie sind als kostenlose E-Books erhältlich. Passive Promotions eines aktiven Unternehmers eben.

Wie Sie die Verbreitungsplattformen Ihrer Kunden nutzen

Gehen Sie mal auf die dunklen Seiten des Internets. Dorthin, wo sich viele Ihrer Kunden tummeln. Auf Tauschbörsen und Filesharing-Plattformen werden Filme, Musik, Spiele, Software, E-Books oder Hörbücher getauscht. Als Raubkopien versteht sich. Illegal. Warum bieten Sie dort keine legalen Tauschgüter an? Bisher sind nur die Cleversten im Online-Geschäft – die Unternehmer der Pornobranche – darauf gekommen, dort legal Filme anzubieten – als Appetithäppchen sozusagen, als Promotionfiles.

Verbreitungsmacht von Tauschbörsen

Wenn Sie Autor, Softwareproduzent, Musiker oder Verleger sind, sollten Sie die Verbreitungsmacht der Tauschbörsen nutzen. Für eine junge Band ist es vermutlich eine weitaus bessere Form der Verbreitung, die ersten Demobänder nicht an ein Plattenlabel zu senden, sondern in einer Tauschbörse anzubieten. Oder gleich auf MySpace, YouTube, Facebook zu veröffentlichen. Wenn Sie als Werbeleiter einer großen Marke agieren, haben Sie in den Archiven allerdings genügend Material, das Sie auf diese Weise ohne viel Aufwand weitergeben können. Egal, ob es alte Werbefilme sind – ich persönlich würde mich über BMW Spots von anno dazumal freuen – oder alte bzw. brandneue Werbespiele. Sogar Reparatur- und Bedienungsanleitungen können als Tauschgüter gefragt sein. Für die Big Player im Markenbusiness wäre es durchaus eine lohnende Aufgabe aus ihren Archiven Material zusammenzustellen und etwas für ihre Fans zu produzieren. Als nahezu einziger der etablierten Buchautoren hat der brasilianische Schriftsteller Paulo Coelho *(„Der Alchemist")* das Potenzial der illegalen Tauschbörsen für Werbezwecke entdeckt. Der hatte erst ziemlich gewettert, als auf einer Website Raubkopien seiner Bücher auftauchten. Monate später gestand er: Er hat die Piratenseite selbst gebaut. Und damit mehr Bücher verkauft als je zuvor. Die wohl kalkulierte Aktion war zur Einführung seiner Werke in Russland geplant worden. Dort war Coelho noch weitgehend unbekannt und hatte Probleme, seinen Weltbeststeller „Der Alchemist" in die Buchhandlungen zu bringen. Er verkaufte sogar nur 1.000 Exemplare im Erscheinungsjahr.

Raubkopien als Werbung

Dann stellte Coelho die Raubkopie der russischen Ausgabe ins Netz und der Verkauf wuchs auf 10.000 Exemplare an. Im Jahr danach waren es dann über 100.000 verkaufte Bücher. Wieder ein Jahr später wurden in Russland eine Million Bücher verkauft. Coelho führt diesen Erfolg ausschließlich auf die Raubkopie-Aktion zurück. Denn: eine andere Werbung für das Buch gab es in Russland nicht.

Wie man zum YouTube Star wird

Für viele Jugendliche gilt: YouTube macht mehr Spaß als Fernsehen. Wenn es eine erstklassige Sammlung verrückter, haarsträubender, komischer oder einfach nur seltsamer Videos gibt, dann hier. Die Liste der YouTube Berühmtheiten ist lang und wir sind alle vergesslich. Aber vielleicht erinnern Sie sich noch an den jungen Mann, der sich vor Sehenswürdigkeiten in aller Welt aufstellte und dann einen ungelenken Zappeltanz aufführte. "Where the Hell is Matt?" nannte er die Videos. Seine Darbietungen wurden millionenfach angeklickt – bis ihn eine Kaugummifirma entdeckte und für Werbezwecke noch zwei Mal auf Weltreise schickte. Mit Gezappel um die Welt und zu einem Job? Geht alles!

Allerdings muss man sich nicht unbedingt zum Trottel machen, um auf YouTube Werbeerfolg zu haben: Ein deutscher Puppenspieler machte so Karriere. Rene Marik stellte einfach nur die Videomitschnitte seiner Puppentheater-Aufführungen ins Netz und wurde dort mehrere Millionen Mal angeklickt. So etwas befeuerte einen Blitzstart ins TV – direkt zu Schmidt&Pocher, Stefan Raab und anderen TV-Shows. YouTube ist Fernsehen und Publikumsbefragung in einem – denn die Klickzahlen sind eine klare Abstimmung des Publikums: Top oder Flop? Sollten Sie noch immer skeptisch sein, ob Sie Ihre Artikel auf YouTube verkaufen können, dann sehen Sie sich an, was die Firma Blendtec aus einem langweiligen Haushaltsmixer und etwa 30 US Dollar Werbebudget pro Film gemacht hat. Deren Werbefilme, die sie so preiswert produzierten, weil sie ohne Schauspielstars und aufwändige Kulissen auskommen, sind Kult geworden. Die eingangs gestellte Frage „Will it blend?“ (wird es sich mischen?), ist inzwischen zum geflügelten Wort geworden. Zerkleinert und gemixt werden dann Glasmurmeln oder auch mal ein nagelneues iPhone. Aus dem einstigen Hersteller für Profimixer ist nun eine weltweite bekannte Marke für den privaten Haushalt geworden – ein Potenzial, das Blendtec noch lange nutzen kann, um Märkte zu erobern.

Bitte sagen Sie jetzt nicht: Aber im B-to-B-Bereich wird das nicht funktionieren. Haben Sie es doch gesagt? Für einen Skeptiker wie Sie habe ich das Beispiel der Medizintechnik-Sparte von Siemens USA parat. Denn auch die nutzte YouTube, um ihren neuesten Magnetresonanz-Tomographen (salopp: „Kernspin-Röhre“) in den Markt einzuführen. Die Idee: Ärzte, Krankenpfleger und Klinikchefs sollten zur Videokamera greifen und an einem Video-Wettbewerb teilnehmen. Der Hauptgewinn: Ein nagelneuer Magnetresonanz-Tomograph im Wert von 800.000 US Dollar. In ihren Videofilmen sollten die Teilnehmer darlegen, warum gerade ihr Krankenhaus der Sieger sein sollte. Sage und schreibe 100 Krankenhäuser haben Videos zu dem Wettbewerb eingereicht. Zum Beispiel das Cooper Green Mercy Hospital, das ein Musikvideo im Rap-Stil produzierte. Oder der spätere Gewinner, das Lockport Memorial Hospital, das einen Film zeigte, in dem jemand von Raum zu Raum ging und fragte: „Ist das hier der MRI-Raum?“ Aber in keinem Zimmer war das Gerät zu finden. Stattdessen nur Patienten, die ihn sehr wohl gebrauchen könnten – um besser diagnostiziert zu werden.

Noch heute zeigt die Google Suche nach dem Stichwort „win an mri“ über 4.300 Treffer. Darunter Links zu zahlreichen lokalen Berichten und zu den YouTube Videos. In gerade mal 22 Monaten, in denen der Wettbewerb lief, wurden die Videos auf der Website von Siemens mehr als 2,28 Millionen Mal angesehen. 1,4 Millionen Stimmen wurden schließlich abgegeben. Die teilnehmenden Krankenhäuser, die sich meist in kleinen Städten und ländlichen Regionen befanden, hatten ihr gesamtes Umfeld zur Stimmabgabe mobilisiert. Sowohl lokale TV-Sender als auch Tageszeitungen und

Online-Magazine halfen mit. So wurde die Aktion sowohl für Siemens als auch für die teilnehmenden Krankenhäuser zur perfekten Werbung.

Fördern Sie die Gemeinschaft, initiieren Sie eine Community

Old School-Werber kannten den Kundenclub, ein zentral gesteuertes System, das die Mitglieder meistens zu passiven Leistungsempfängern des Unternehmens machte. Der Marketeaser fördert die Gemeinschaft der Menschen, die seine Produkte und Dienstleistungen nutzen. Er hilft Menschen in Kontakt zu bringen. Community-Building heißt das auf gut neudeutsch. Dabei nutzt der Marketeaser das vorhandene Bedürfnis nach sozialen Aktivitäten. Den Wunsch auf Gleichgesinnte zu treffen, Gesprächspartner für Fragen zu haben. Die echten Communities weisen ein hohes Maß an Selbstorganisation auf. Nicht das Unternehmen steht im Mittelpunkt, sondern die Nutzer.

- **Stellen Sie eine einfache und funktionierende Plattform zur Verfügung.**
- **Visualisieren Sie die Menschen und ihre Verbindungen.**
- **Ermöglichen Sie Gespräche, Anmerkungen, Kommentare.**
- **Machen Sie die Weiterleitungsoptionen so einfach wie möglich.**
- **Lassen Sie die Teilnehmer eigene Netze aufbauen.**
- **Lassen Sie zu, dass sich die Gemeinschaft selbst organisiert.**

Kleinere Unternehmen können die Community-Bildung über einen der virtuellen Business Clubs vorantreiben. Dort wird kontaktiert und geklüngelt, werden Termine und Adressen ausgetauscht, Kooperationsideen geschmiedet und jede Menge Raum zur Selbstdarstellung gegeben. Fast wie im richtigen Leben – nur online.

Von Flickr lernen

Am Beispiel der Foto-Community Flickr lässt sich ablesen, wie rasch wachsende Communities entstehen. Basiszutaten sind eine einfache Technik, die Förderung von Gesprächen und Kontakten und die Möglichkeit für jeden Einzelnen, seine Daten nach eigenem Geschmack zu organisieren.

Flickr hat den Umgang mit Fotos völlig verändert. Bis vor wenigen Jahren waren Fotos noch ein sehr privates Gut. Sie verstaubten in Schuhkartons, wurden in Alben geklebt oder manchmal auf Dia-Abenden gezeigt. Mit der Digitalfotografie haben sich die Umgangsformen mit dem Bild offenbar grundlegend gewandelt. Fotos entstehen nun nicht mehr allein wenn Belichtung, Tiefenschärfe und Motiv perfekt sind. Fotos entstehen permanent. Mit Digitalkameras, Webcams, Fotohandys. Bilder sind dazu da, weltweit geteilt und gesehen zu werden. Die Fotos vom Klassentreffen vergammeln nicht auf einer URL, die nur Eingeweihte kennen. Sie werden so breit wie möglich zugänglich gemacht. Das Verknüpfen der Digitalfotos mit RSS-Feeds und Blogs hat es ermöglicht, dass sich Fotointeressierte aus aller Welt informieren lassen können, wenn Bilder eines bestimmten Flickr Mitglieds online gestellt werden. So bilden sich Communities, die gleiche Interessen haben, die über den Austausch von Bildinformationen (womöglich auch anderweitig) in Kommunikation treten.

Fotos werden zugänglich

Das Bahnbrechende an Flickr ist aber, dass es den Usern nicht nur freigestellt ist, unbegrenzt Bilder ins Netz zu stellen. Es ist die Tatsache, dass jeder Flickr Nutzer jedes Bild mit Stichworten versehen kann, den so genannten „Tags“. Die Organisation der weltgrößten Online-Bilddatenbank liegt vollständig in den Händen ihrer Benutzer.

Nach nur einem Jahr Bestehens sind in Flickr rund vier Millionen Fotos von 270.000 Benutzern eingestellt worden. Es ist eine Bilderwelt, an der Unternehmen noch nicht teilnehmen, sehr wohl aber darin vorkommen. Zum Beispiel die Werbung von Absolut Wodka, der Tierschutzorganisation PETA oder BMW.

Schlecht ist, wenn Sie in Flickr gar nicht vorkommen. Dann kann es gut sein, dass man Sie aus dem visuellen Gedächtnis der Menschheit gestrichen hat.

Was kann man von Flickr lernen? All das, was Unternehmen tun sollten, um Gemeinschaften um sich herum aufzubauen. Denn Flickr fördert in hohem Maße Kontakte und Gespräche und gibt dabei den Nutzern alle Freiheiten, Daten selbst zu organisieren.

Wie Amazon den Kindle einführte

Mit einer ganz genialen Idee, die aus der Not geboren wurde. Denn das E-Book-Lesegerät Kindle wird von Amazon ausschließlich online verkauft. Ein völlig innovatives Gerät, das Bücherlesen auf einem elektronischen Display ermöglicht. Da will man natürlich wissen, wie so etwas funktioniert. Wie blättert man denn da? Ist das nicht ermüdend für die Augen? Und kann man bei Sonnenlicht überhaupt etwas erkennen? Wie funktioniert das Herunterladen neuer Bücher? Alles Fragen, die man sich bei einer neuen Technik nun mal stellt. Aber wenn es ausschließlich online verkauft wird, wie soll man es testen können?

Beantwortet werden diese Fragen durch die ersten Pionier-Kunden selbst. Denn Amazon hat die Aktion „See a Kindle in Your City" (Sieh dir einen Kindle in deiner Stadt an") gestartet. Seither brummt der Verkauf: Denn die stolzen Pioniere, die das Lesegerät als erste gekauft haben, brennen offenbar darauf, es anderen zu zeigen. So kann man mittlerweile in den ganzen Vereinigten Staaten jemand treffen, der sein neues Gerät gerne jemand anders vorführt. Vor allem in den Metropolen boomt die Idee – täglich verabreden sich wildfremde Menschen über die dafür geschaffene Plattform, die Verabredungen ermöglicht. Diese Treffen und Produktvorführungen finden dann meist in Cafes statt.

Machen Sie digitale Pressearbeit

Im nächsten Kapitel werden wir uns mit der klassischen Pressearbeit beschäftigen – einer Arbeit, der Marketeaser weitaus weniger Priorität einräumen als ihrer neuen Schwester: der digitalen Pressearbeit. Ging es bei der klassischen Pressearbeit noch darum, die Medien und Redakteure exakt zu identifizieren, bei denen man seine Nachrichten unterbringen wollte, also den Weg ins Medium zu suchen, so hat die digitale Pressearbeit ein anderes Ziel: Ihre Informationen sollen gefunden werden. Und nachdem in den deutschsprachigen Ländern ein Großteil der Suche bei Google gestartet wird, kommt es vor allem darauf an, dass der Google Bot Ihre Nachrichten findet. Presseartikel, die Sie ins Netz stellen – etwa auf der eigenen Presseseite oder in einem Online-Presseverteiler, müssen neben einer guten Story vor allem eins enthalten: Keywords. Auf gut deutsch: Schlüsselbegriffe, die Menschen bei Google ins Suchfeld tippen, wenn Sie Produkte oder Dienstleistungen suchen, die Ihr Unternehmen anbietet. Wettbewerb heißt hier, die Nase vorne zu haben, also bei den Suchergebnissen, die Google anzeigt, ganz vorne zu stehen, vor den Mitbewerbern.

Werden Sie gefunden?

Doch diese Keywords werden nicht einfach im Text gestreut – sie müssen an den richtigen Stellen platziert werden, da, wo Google hinsieht. Hier eine kleine Anleitung, wie Sie künftig google-gerechte Texte verfassen.

Schritt 1. Ermitteln Sie die für Ihr Unternehmen wichtigsten Schlüsselbegriffe und legen Sie eine Liste dieser Schlüsselbegriffe an. Sie können diese Liste für sich selbst oder Ihren Texter griffbereit halten – oder Ihrer PR- bwz. Werbeagentur als Anleitung zur Verfügung stellen!

Schritt 2. Falls Sie auch AdWords Werbung betreiben, nutzen Sie die Erkenntnisse, die Sie damit gewonnen haben. Gewichten Sie die Schlüselbegriffe und erstellen Sie folgende beiden Ranglisten: a) Begriffe, die am häufigsten gesucht werden und b) Begriffe, die Ihnen die meisten Klicks bringen.

Schritt 3. Bringen Sie das für Ihr Unternehmen wichtigste Keyword in der Überschrift Ihres Textes unter!

Schritt 4. Schreiben Sie unbedingt eine zweite Überschriftzeile (Subline), die die weiteren wichtigen Keywords enthält.

Schritt 5. Schreiben Sie nun die Einganspassage Ihres Artikels. Achten Sie vor allem auf die ersten 25 Wörter Ihres Pressetextes. Sie sollten Keywords enthalten.

Schritt 6. Verwenden Sie Keywords sowohl in Singular als auch Plural, da beide Formen bei Suchanfragen benutzt werden.

Schritt 7. Vermeiden Sie es generell, Fachsprache zu verwenden. Außer im B-to-B-Bereich suchen Kunden nicht anhand von Fachbegriffen, sondern mit umgangssprachlichen Begriffen und Redewendungen nach Informationen. Also nicht die Sprache Ihres Unternehmens oder Ihrer Branche ist gefragt, sondern die des potenziellen Kunden.

Schritt 8. Vermeiden Sie Abkürzungen. Google kann einen Begriff wie „CRM“ auf ganz unterschiedliche Weise interpretieren. Und wenn Sie schon Abkürzungen verwenden wollen, dann schreiben Sie wenigstens neben die Kurzfassung auch den vollständigen Begriff.

Schritt 9. Machen Sie Ihre Pressemitteilung nicht zu lang. Nach Meinung von Suchmaschinenexperten sind Suchmaschinen optimierte Pressemitteilungen zwischen 300 und 500 Wörter lang.

Dokumente, Bilder, Videos im Netz freigeben.

Der Unternehmensauftritt im Web hat sich grundlegend gewandelt. Früher dachte man bei der Möglichkeit, ein Unternehmen im Web zu präsentieren, an eine gut gelungene eigene Website – die Homepage als Heimat, Bühne oder Selbstbespiegelungsplattform. Heute geht es vielmehr um die Frage wie sich das Unternehmen insgesamt, an den vielen Fundstellen im Web, präsentiert. Was wirft Google zurück, wenn man den Namen Ihrer Firma eingibt? Welche Bilder sind unter Ihrem Namen im Umlauf? Welche Videos kann man bei YouTube über Ihr Unternehmen sehen? Und welche Ihrer Powerpoint-Präsentationen sind im Web abrufbar und einsehbar? Für den Suchenden immens wichtig ist auch die Frage: Was reden andere über Sie?

Was reden andere über Sie?

So kommt es für Unternehmen heute darauf an, möglichst omnipräsent zu sein und schnell gefunden zu werden. Um das zu erreichen, darf man nicht mehr zentralistisch denken und alles, was man zu zeigen und zu sagen hat, ausschließlich auf seiner Website versammeln, wie in einem großen Firmenarchiv. Man muss zusehen, dass es seinen Weg in die lebendigen Plattformen wie YouTube und Flickr findet, in Online-Communities und Netzwerken präsent ist. Dazu muss man Daten freigeben und Kontrolle loslassen.

Kontrollfragen

- **Fördern Sie die Vernetzung mit Ihren Kunden?**
- **Fördern Sie die Vernetzung unter Ihren Kunden?**
- **Haben Ihre Aktivitäten genügend Anziehungskraft?**
- **Nutzen Sie die Medien und Verbreitungswege Ihrer Kunden?**

5. Die Massenmedien und die Marketeaser

◆

In diesem Kapitel erfahren Sie unter anderem:

Dass Sie aufhören können Presse-mitteilungen zu schreiben.
Dass es höchste Zeit wird, von den Werbe-inseln zu flüchten.
Wie wichtig es sein kann respektlos aufzutreten.
Wie Sie die Liebe Ihrer Kunden belohnen können.

Revolution muss Spaß machen

Fritz Teufel ist ohne Zweifel einer der Urväter der Marketeaser in Deutschland. Sein Einfluss auf eine linke Szene aus Spaß-Guerillas, auf Studentenproteste oder die später entstehende Kultur von Medienhappenings ist enorm.

PR-Profis, die ihr Wissen nicht nur aus Hörsälen haben, haben von ihm eine Menge gelernt. Fritz Teufel beschäftigte als mittelloser Student und Studienabbrecher jahrelang die Gerichte und die Medien; vor allem die Medien der Axel Springer-Presse, die ihn niederschreiben wollten, aber umso populärer machten. Auf einen Schlag populär wurde er, als er und seine Helfer als mutmaßliche Attentäter verhaftet wurden, die angeblich den amerikanischen Präsidenten während seines Berlin-Besuches mit einer Bombe attackieren wollten. Aber die Justiz fand schnell heraus, dass die vermeintlichen Bombenbauer lediglich mit Sahnetorten und Puddingcreme werfen wollten.

Sahnetorten und Puddingcreme

Fritz Teufel und die anderen Mitglieder der Kommune 1 waren zweifellos „mediengeil". Aber abgebrüht genug, Interviews nur gegen Bezahlung zu geben. Respekt. Wenn einer die Medien braucht und sich dennoch von ihnen bezahlen lässt.

Marco Carini beschreibt das in seiner Biografie von Fritz Teufel unter dem Motto „Die Springer-Presse – Dein Feind und Helfer".

Nach dem verhinderten Humphrey-„Attentat" diskutieren die Kommunarden, aufgescheucht durch den Ansturm interessierter Reporter von Presse, Funk und Fernsehen des In- und Auslands, grundsätzlich über den Umgang mit den Medien. Wie können sie es schaffen, die Macht über ihr Handeln nicht an die Medien abzugeben? Die Medien zu benutzen, ohne selber benutzt zu werden? Die gezielte Selbstvermarktung der Kommune beginnt und sie wird von Woche zu Woche professioneller und auch einträglicher …

In einem Interview mit der Süddeutschen Zeitung erklärt Fritz Teufel zwanzig Jahre später: „Ich versuche mir die Kommune 1, den SDS, die APO, Rudi Dutschke vorzustellen ohne Springer, Rundfunk, Fernsehen – es geht nicht. Gerade wir Weltverbesserer brauchten die Springer-Presse wie die Luft zum Atmen."

Wie das funktioniert, skizziert Dieter Kunzelmann später in seiner Autobiografie:

„Die Erfahrung in den ‚Spur'-Prozessen hatte mich gelehrt, wie man Medien so benutzen kann, dass sie trotz ihrer negativ gefärbten Berichterstattung gerade die Ideen verbreiten und bekannt machen, die sie eigentlich unterdrücken und verschweigen wollen." Die Kommunarden machen ihren Schlagzeilenjob perfekt: Wo immer sie ein Tabu wittern, schlagen sie zu. „Die Springerleute waren unsere Mitarbeiter", hat Fritz Teufel es später einmal auf den Punkt gebracht: „Wir brauchten die. Die brauchten uns." *(Carini, Fritz Teufel, Seite 44)*

Die Mär der freien Liebe

In den prüden 60er-Jahren verhalf ihnen vor allem eines zur ungebremsten Aufmerksamkeit aller Zeitungen, Magazine und Fernsehsender: Die Mär von der freien Liebe in der Wohngemeinschaft. Als diese zur Sexkommune hochstilisiert wurde, fütterten sie die Medien weiter mit schockierenden Enthüllungen. Der Höhepunkt der Entblößungswelle war das legendäre Stern-Titelbild, für das die Kommunarden nackt vor einer Wand posierten. Der hübschen Kommunardin Uschi Obermaier ebnete diese Art der Pressearbeit immerhin eine Model-Karriere.

Der richtige Umgang mit den Massenmedien

Marketeaser wie Fritz Teufel beherrschen den Umgang mit den Massenmedien besser als jeder andere. Können Sie sich an die zahlreichen Berichte erinnern, die kleine Schlauchboote vor riesigen Walfängern zeigten? Haben Sie mit den Aktivisten von Robin Wood mitgezittert, die sich an Schornsteine in Schwindel erregender Höhe angekettet hatten? Gehen Ihnen die skurrilen Folterbilder aus dem Irak nicht mehr aus dem Kopf?

Marketeaser benutzen die Medien, um Botschaften zu transportieren. Allerdings nicht wie Old School-Werber. Während Old School-Werber Medien vorwiegend als Überträger von Botschaften innerhalb der festgelegten Formate wie Spots, Anzeigen, bezahlten Sponsorships etc. benutzen, machen Marketeaser um die Werbeinseln einen riesigen Bogen. Sie haben den Bogen raus, wenn es darum geht, den Programmmachern und Redakteuren das zu liefern, was diese für ihr tägliches Brot brauchen – Storys, Meldungen, Bilder, Ereignisse.

Marketease

◆ **Marketeaser machen die News. Und vegetieren nicht in Werbeinseln dahin.**

Don't pay for media

Bezahlen Sie Medien nicht dafür, dass sie Ihre Botschaften verbreiten. Nie! Wenn Sie es nicht schaffen, eine Nachricht mediengerecht zu gestalten, üben Sie solange, bis Sie es können. Leider sind Old School-Werber anderer Ansicht. Sie meinen, dass ihre Botschaft allein dadurch Beachtung findet, weil sie in einer Anzeige, einem Plakat oder einem TV-Spot übermittelt wird. Das Gegenteil ist der Fall, wie wir wissen. Informationen, die als Werbebotschaften aufbereitet sind, werden auf dramatische Weise ignoriert.

Schreiben Sie nie mehr Pressemitteilungen!

Old School-Methoden haben sich auch in der Branche der PR-Agenturen und Pressedienste breitgemacht. Deren Job: das schier unendliche Verfassen von Pressemitteilungen. Das Versenden der Pressemitteilungen an einen möglichst großen Verteiler. Bloß, damit sie dann dort in den Papierkorb wandern.

Pressemitteilungen sind von der Verteilung her einfach zu billig. Wie Pressespam werden sie über die nichts ahnenden Journalisten ausgeschüttet. Werden Sie bloß kein Pressespammer! Aber das eigentliche Kreuz beginnt, nachdem sie verschickt worden sind. Dann startet das zeitraubende Hinterhertelefonieren. „Haben Sie meine Pressemeldung erhalten? Nein? Ich schicke sie Ihnen noch mal." Bloß nicht! Sie rauben dem Journalisten die Zeit und vor allen Dingen: Sie stehlen sich Ihre eigene. Schlimmer noch, wenn Sie eine PR-Agentur beschäftigen: Dann erhalten Sie für ein derart ineffizientes Vorgehen auch noch die hohe Rechnung.

Marketease

◆ **Machen Sie News so interessant, dass die Medien sie haben wollen.**

Die erfolgreichen Marketeaser, die ich kenne, haben aufgehört Pressemitteilungen zu verfassen. Wie Ihre gesamte Werbung sollte sich die Pressearbeit vom Push- auf das Pull-Prinzip umstellen. Oder anders gesagt: Erst wenn Sie merken, dass das Pull-Prinzip auch für die Medien funktioniert, wissen Sie, dass Sie als Marketeaser Ihre Hausaufgaben gemacht haben.

Raus aus der Werbung, rein ins Programm

Der neue BMW im neuen Bond-Film. Die Haribo Bärchen bei Thomas Gottschalk. Die Pit-Stop Werkstatt im Big Brother Dorf. Kennt man alles unter Product Placement. Eine Methode, die schon der Old School-Werber benutzte. Product Placement nach Marketeaser-Art sieht anders aus. Denn wie immer bezieht der Marketeaser die Empfänger seiner Botschaft in das Geschehen ein.

Product Placement auf Marketeaser-Art: Vom Zuschauer zum Mitgestalter

Ein großartiges Beispiel, wie man von der Werbeinsel ins Hauptprogramm springt, zeigte der Hamburger-Brater Burger King in Donald Trumps populärer Show „The Apprentice“, einer Reality Show, in der Kandidaten in mehreren Teams gegeneinander antreten, um am Ende einen Sieger zu ermitteln, der einen hoch dotierten Job beim Milliardär Trump als Siegprämie erhält. Die Aufgabe, die den zwei Teams gestellt wurde, war, einen neuen Hamburger für Burger King zu kreieren und die Neukreation anschließend in einem Burger King Restaurant zu verkaufen. Das Team, das die meisten Burger verkaufte, wurde Sieger mit einer Neuschöpfung aus Western Angus Steak, beladen mit Käse, Barbecue-Sauce, Zwiebeln, Salat und Tomaten. Am nächsten Tag war der neue Burger bereits in 7.800 Burger King Restaurants in den Vereinigten Staaten erhältlich. Zwei Wochen lang wurde er zum Preis von 3,49 Dollar verkauft. In den Restaurants lächelte derweil Donald Trump sein Siegerlächeln auf Plakaten: „As seen on ‚The Apprentice‘.“

Eiscreme-Sorten erfinden

Von der geschickten Platzierung in der Reality-Show profitierten auch schon der Eiscremehersteller Ciao Bella Gelato und die Suchmaschine Yahoo. Während in der Show die Kandidaten die Aufgabe hatten, neue Geschmacksrichtungen für den Eiscremehersteller zu entwickeln, hatte das Unternehmen die Zeit zwischen Aufzeichnung und Ausstrahlung genutzt, um zahlreiche Verkaufstellen mit den Apprentice Ice Creams zu beliefern. Die TV-Zuschauer wurden aufgefordert zu Yahoo zu gehen und die Suchbegriffe „Apprentice Eiscreme“ einzugeben, um eine Bezugsquelle in ihrer Nähe zu finden. Die tonnenweise herangeschafften Eiscremes waren am Tag nach der Ausstrahlung der Sendung komplett ausverkauft. Der Transfer TV/Online funktioniert also. Inzwischen ist Ciao Bella Gelato auf den Geschmack gekommen. Sie überlassen die Entwicklung von Geschmacksrichtungen ihren Kunden – und spendieren den Gewinnern eine Reise und Eintrittskarten zur TV-Show.

Wie Marketeaser die Medien auf sich aufmerksam machen

Wenn Sie wissen wollen, wie Sie Ihre News in die Medien bringen, lohnt es sich genauer hinzusehen, nach welchen Kriterien Journalisten Nachrichten auswählen. Nicht alle haben mit den weltbewegenden Inhalten der Nachricht zu tun. Ihre Chancen erhöhen Sie auch, wenn Sie Ihre Nachrichten gut verpacken lassen oder wenn Sie einen hohen Unterhaltungswert zu bieten haben. Das erklärt, weshalb die drei Minuten von Boris Becker in der Besenkammer beinah so viel Medienecho fanden wie seine jahrelangen Erfolge auf dem Rasenplatz von Wimbledon. Die nachfolgenden Methoden bringen Sie todsicher in die Presse.

Visualisierung

Massenmedien haben einen gewaltigen Hunger auf Bilder. Auch wenn die Tageszeitungen seitenweise voller Texte sind: Bilder haben die Aufgabe eine Nachricht zu verkörpern oder sich so attraktiv herauszuputzen, dass man hinguckt. In den 70er-Jahren war Greenpeace wohl vor allem deshalb so erfolgreich, weil sie es geschafft haben, ihr Anliegen in einfache Botschaften zu packen und dann noch mittels Aufsehen erregender Bilder zu transportieren. Das kleine Schlauchboot vor dem großen Walfangjäger, die unschuldig dreinblickenden Robbenbabys mit dem Blut bespritztem Fell. Ähnlich erfolgreich operierte Robin Wood, als sich deren Aktivisten an Schornsteine anketteten. Bilder sind unheimlich erfolgreich und emotionalisieren weit mehr als Texte. Die schlechte Nachricht: Es gibt nicht genug einzigartige und packende Bilder. Und nicht jedes Anliegen lässt sich in Bilder verpacken. Um gegen die Luftverschmutzung zu protestieren, kann man sich noch an Schornsteine anketten. Wie aber will man Wasserverschmutzung sichtbar machen? Dann eher das Gegenteil: Graf Lennart Bernadotte, der ehemalige Chef der Blumeninsel Mainau, nahm in den 70er-Jahren einen äußerst wirksamen Schluck Bodenseewasser zu sich, als der See noch als Kloake verschrien war.

Bilder wecken Emotionen

Exklusivität

Jedem die gleiche Nachricht zustecken? Wie wirkungslos! Wundern Sie sich nicht, wenn Sie über Dieter Bohlens Eskapaden immer zuerst in der Bild Zeitung lesen. Wahrscheinlich hat er eine Überwachungskamera der Redaktion um seinen Hals.

Ähnlichkeit

Ist Ihnen schon mal aufgefallen, dass manche Ereignisse jahrelang nicht und dann innerhalb von zwei Wochen jeden Tag auftreten? Ist aber so. Zum Beispiel Busunglücke. Am Anfang steht das tatsächlich grausame Ereignis. Und in den nächsten Tagen fischen die Journalisten alles aus dem Nachrichtenticker was diesem Ereignis ähnelt. Das sind dann alle Nachrichten, in denen Busse in Verkehrsunfälle verwickelt waren. Egal, ob schwer oder nicht schwer, leer oder unbesetzt. Egal, wie weit weg. Auf diese Weise erfahren wir auch noch, dass ein vollbesetzter Bus in einer südindischen Kleinstadt beim Einparken einen Papierbehälter umstieß. Merke: Nachrichten kommen also selten allein. Sondern gleichartige Meldungen gesellen sich zu anderen dazu. Solange, bis ein größeres Ereignis eintritt. Marketeaser, die hier schnell reagieren und sich in Themenumfeldern, die gerade die Runde machen, einbringen können, sind da im Vorteil.

Häufung gleicher Meldungen

Provokation

Wer an Madonna denkt, denkt zuerst an Skandale. Dann an Musik. Wie keine andere Popsängerin vor und nach ihr beherrscht sie das Spiel mit den Medien in höchster Professionalität.

Bereits mit dem Album „Like a Virgin“ (1984) hatte sie ein provozierendes Klischee gefunden, mit dem sie die Medien jahrzehntelang bedienen konnte: der Gegensatz zwischen Jungfrau und Hure. Während sie Texte von ihrer Entdeckung des Katholizismus sang, zeigten die Bilder sie halbnackt mit Kruzifixen behängt. Die Presse tat ihr den Gefallen, darauf negativ zu reagieren. Sie schuf das Bild einer sexgeilen Karrierefrau, die sich bis an die Spitze emporgeschlafen habe und bereit sei, Sex jederzeit als Mittel zum Zweck einzusetzen.

Mit dem Video zu „Like a Prayer“ löste sie 1989 einen der größten Skandale aus und brachte die Single auf Platz Eins der weltweiten Hits. Die Mischung aus brennenden Kreuzen und leidenschaftlicher Ergebenheit zu einer Heiligenstatue in einer Kirche, war dem Vatikan zu viel. Er geißelte das Ganze als Blasphemie. Madonna, die damals einen Werbevertrag mit Pepsi Cola hatte, wurde gefeuert, durfte aber die fünf Millionen Honorar behalten.

Ihr 1992 erschienenes Buch „Sex" präsentierte eine Ansammlung von Nacktaufnahmen von ihr (aber auch anderen Models wie Naomi Campbell, Isabella Rosselini oder von dem Rapper Big Daddy Kane und Vanilla Ice) und brachte ihr eine Unmenge hämischer und wütender Kritiken ein. Es wurde ein Bestseller. Ein Objekt der Begierde für Sammler und Fans. Nicht die Nacktheit war die Provokation für das prüde Amerika und den Rest der freizügigeren Welt, sondern die Art der angedeuteten Sexualpraktiken. Die Bilder bedienten Klischees der lesbischen Liebe, des Sadomasochismus ebenso wie Vergewaltigungsfantasien, Pädophilie oder Sex mit Tieren.

Während der folgenden Jahre hatte sie mehrfach Image und Themen gewechselt. Aber 1994, als sie die Hauptrolle in dem Softporno-Streifen „Im Bett mit Madonna" spielte, gab die andauernde Provokation mit dem Thema Sex nichts mehr her. Madonna war älter, die Welt freizügiger geworden.

Provokationsthema Sex

Geblieben sind die Techniken der Selbstdarstellung, des Fütterns von Medien und die Cleverness, selbst eine Presse, die sie kaputt schreiben wollte, in den Dienst der eigenen Sache zu stellen. Madonna ist nach dem Guinness Buch der Rekorde die erfolgreichste Popsängerin aller Zeiten. Sie hat angeblich mehr als 250 Millionen Platten verkauft.

Irritation

Ja. Richtig gelesen. Irritation ist ein hervorragendes Mittel, um die angeborene Neugier und den antrainierten Recherchetrieb des Journalisten anzuregen. Wer sagt was zu wem, aus welchem Grund? Es ist leider todlangweilig, wenn Sie das gleich verraten.

Einen Klassiker unter den Verwirraktionen habe ich in meinem Buch „Werbung mit kleinem Budget" bereits vorgestellt. Es war am 22. Juni 1990, morgens um 8.00 Uhr. Ein Helikopter überfliegt die Stadt Luzern mit einer seltsamen Fracht, die sich als Paket und ein Mann am Stahlseil herausstellt. Er kreist über dem Wasserturm, dem Wahrzeichen Luzerns, der Mann wird herabgelassen und befestigt den Inhalt des Pakets auf dem Dach des Turmes.

Ein Stoffknäuel fällt herunter und wird zu einer riesigen gelbgrünen Krawatte gebunden. Ein paar hundert Touristen, Bürger werden Zeugen des Spektakels. In den nächsten Tagen werden es Tausende, die über die Medien davon erfahren. Noch Wochen und Monate später geht das Bild von dem krawattengeschmückten Luzerner Wahrzeichen um die Welt.

Tafeln sollen über die Aktion Auskunft geben. „Torre Tellini op. 173" steht auf ihnen. Sie seien ein Werk des amerikanischen Künstlers Ben E. del Weiss.

Wer und wo ist Ben E. del Weiss? Was will er mit dieser Aktion?

Am nächsten Tag wartet die Presse mit ersten Lösungsversuchen des Rätsels auf: Das „Luzerner Tagblatt" vermutet eine PR-Aktion des Luzerner Verkehrsdirektors. Die „Luzerner Neuste Nachrichten" glauben, dass Bekannte des Künstlers aus Zürich die Aktion finanziert haben, der Helikopter von Bennys „Bekannten aus Zürich" organisiert wurde. In der Tagesschau des Schweizer Fernsehens berichtet man ebenfalls. Man vermutet eine „Zürcher Werbeagentur" dahinter.

Urheber unklar

Einen Tag später wird das Geheimnis der Wasserturm-Krawatte in der „Sonntags-Zeitung" und dem Radiosender DRS3 gelüftet. Die Riesen-Krawatte entpuppt sich als eine Aktion der Werbeagentur Edelweiss. Dass beide den wahren Hergang der Geschichte wussten, war kein Zufall. Agenturinhaber Frank Baumann hatte die beiden Medien schon während der Aktion gebrieft. Die Geheimniskrämerei war ein bewusst eingesetztes Mittel, um die Aufmerksamkeit für diese Aktion zu verlängern.

Konfrontation

Respektloses provokantes Auftreten ist das Markenzeichen von Ryan Air Chef Michael O'Leary. Statt dunkler Businessanzüge trägt er Jeans, Turnschuhe und manchmal auch ein T-Shirt mit der Aufschrift „Crew Member". Die Billigflieger-Airline aus Dublin schafft damit einen direkten Draht zu ihren Kunden – und erreicht eine ständige Aufmerksamkeit der Presse. Wer seine etablierten Konkurrenten wie Lufthansa, Alitalia oder British Airways mit derben Worten wie „Blutsauger" oder „Schröpf-Airline" bedenkt, produziert automatisch Nachrichten. Selbst seine Flugzeugrümpfe erregen Aufmerksamkeit: „Byebye Lufthansa" oder „Arrivederci Al-italia" steht auf den Maschinen, die in die jeweiligen Länder fliegen. Allein die Lufthansa hatte Ryan Air in zahlreiche Klagen verwickelt, die Berichterstattung darüber erfreute Michael O'Leary besonders. Er bezeichnete sie als seine preiswertestete Werbekampagne.

Timing und Agenda

Anlässlich des amerikanischen Präsidentschaftswahlkampfes 1968 beschrieben die Medienwissenschaftler Mc Combs und Shaw ihre Theorie des Agenda-Setting. Ihre These: Massenmedien haben einen großen Einfluss darauf, welche Themen die Öffentlichkeit bewegen. Durch ihre Themenauswahl, die Art und Weise oder Häufigkeit wie sie Themen publizieren, rücken diese ins öffentliche Bewusstsein und werden so tatsächlich zu Themen, die die Menschen beschäftigen. Niemand glaubt das so sehr wie politische Parteien. Sie versuchen ihrerseits den Medien Themen aufzudrängen: die Agenda also selbst zu bestimmen.

Wer macht die Themen?

Können Sie als Unternehmer die Themenauswahl der Medien bestimmen? Die Chancen darauf sind gering. Aber Sie können Ihre Nachrichten den Medien besser verkaufen, wenn Sie diese mit der aktuellen Themenlage verknüpfen. Also kann ein perfektes Timing dafür sorgen, dass Sie Ihr Unternehmen in die Schlagzeilen bringen. Zum Beispiel mit der Idee, Opel zu kaufen, wie dies das Unternehmen Solarworld im November 2008 verkündete – siehe dazu die Ausführungen im Kapitel „Die Macht der Umstände".

Ereignisse

Ja, das zehnjährige Jubiläum Ihres Unternehmens und die passende Feier dazu ist so ein Ereignis, über das die Presse berichtet. Aber wollen Sie etwa nur alle zehn Jahre in die Presse? Mit wirklich originellen Ereignissen sind Sie es – wenn Sie wollen – ständig.

Die Schweizer Fix-a-Ding AG vertreibt Werkzeuge, mit denen Dellen und Beulen an Pkws ausgebeult werden können, ohne dass Nachlackierungsarbeiten erforderlich sind. Kleine Dellen, bei denen der Lack unbeschädigt ist – und dazu zählen die besonders häufig auftretenden Hagelschäden –, lassen sich so um 50% preiswerter ausbeulen. Der Umgang mit den Werkzeugen will allerdings gelernt sein. Ihre Abschlussprüfungen absolvieren die Teilnehmer der Lehrgänge öffentlich – im Rahmen der von der Firma in Deutschland, Österreich und der Schweiz ausgerufenen Dellenmeisterschaft. Hier zeigen, in mehreren Qualifikationsrunden bei Autohäusern vor Ort, die Teilnehmer was sie gelernt haben. Das Ganze ist regelmä-

Beulen als Medienereignis

ßig ein Presseereignis, das auch zahlreiche potenzielle Kunden zu den veranstaltenden Autohäusern zieht. Denn die im Rahmen der Meisterschaft zu „behandelnden" Dellenfahrzeuge werden kostenlos ausgebeult. Wer nicht für den Wettbewerb ausgewählt wird, kann sich über die Technik informieren und erhält natürlich ein Angebot. Von diesem Event profitieren alle: der Erfinder der Fix-a-Ding-Methode, das teilnehmende Autohaus und die Fahrzeughalter, deren Fahrzeuge dabei sind. Inzwischen ist die Methode in der ganzen Automobilbranche bekannt – dank der Fachpresse, die darüber berichtet. Und seither arbeitet Fix-a-Ding auch mit führenden Versicherern zusammen, die die Dellenmeisterschaft nutzen, um künftige Sachverständige an den Beulenfahrzeugen zu schulen, indem sie Schadenfahrzeuge begutachten und Schadensbewertungen durchführen.

◆ **Wie Sie den Nachrichtenwert Ihrer Aktivitäten checken können:**

- Was ist das Ereignis?
- Ist es aktuell?
- Passt es zu anderen Themenfeldern?
- Steht es auf der aktuellen Agenda?
- Ist es überraschend oder wärmt es lediglich altbekannte Tatsachen auf?

- Wie leicht ist das Thema zu vermitteln?
- Ist das Thema einfach geschildert?
- Lässt sich das Thema gut illustrieren/visualisieren?
- Lässt sich das Thema an Personen festmachen?
- Sind Prominente betroffen?

- Wie groß ist die gesellschaftliche Bedeutung?
- Geht von dem Ereignis ein nennenswerter Schaden oder Nutzen aus?
- Birgt es Zündstoff für Kontroversen oder Konflikte?
- Lässt sich das Thema emotional verpacken?
- Wie groß ist seine Dimension?

- Sind die Leser betroffen – durch räumliche, zeitliche, kulturelle oder soziale Nähe?
- Ist es den Lesern wichtig?
- Können sich die Leser damit identifizieren?

- Sind es wichtige Service-Informationen (Geldanlage, Wetter, Verkehr, Gesundheit), so genannte Servicethemen?
- Trägt es zur Entspannung, Zerstreuung bei?
- Bedient es den Voyeurismus oder die Sensationsgier?
- Bietet es Sex and Crime?
- Betrifft es menschliche Ängste (Kriminalität, Katastrophen, Existenzängste)?

Frei nach: Benjamin Fretwurst „Nachrichtenwert und Rezipienten" (unveröffentlichte Magisterarbeit)

Soziales Engagement

Die Lackierwerkstatt Hubert Baltes in Mönchengladbach (http://www.hubert-baltes.de) wurde von der Wirtschaftskrise mit voller Wucht getroffen. Denn im Jahre 2009 wurde die Autobranche von der Abwrackprämie durcheinander gewirbelt. Hersteller und Händler von Kleinwagen profitierten. Gebrauchtwagenhändler und freie Werkstätten erlitten Umsatzeinbußen – plötzlich blieben ihnen die alten Autos zur Reparatur weg. Besonders heftig für Baltes war: Karosserie- und Lackierarbeiten wurden von Autohäusern in Auftrag gegeben. Sie machten 90% seiner Kundschaft aus. Wo sollten so schnell neue Auftraggeber herkommen? Denn bei den Endkunden war die Werkstatt völlig unbekannt. Die rettende Idee war eine Aktion, die über soziales Engagement die Werkstatt schlagartig bekannt machen konnte. Nämlich die Aktion Familienrabatt: 5% für jedes Kind! Das Unternehmen Baltes versprach einen besonderen Familienrabatt von 5% auf alle Werkstattleistungen wie Karosserieabreiten, Inspektionen, Lackierarbeiten, Wartung und Instandsetzung usw. Aber 5% gab es nicht etwa für die ganze Familie, sondern für jedes Kind! Das machte die Sache besonders familienfreundlich. Denn wer 3 oder 4 Kinder hat, bekam schon satte Rabatte von 15 bzw. 20%. (20% sind auch der Maximalrabatt, den das Unternehmen bietet.) 500 Gutscheine mit diesem Familienrabatt ließ der Unternehmer drucken, bereits nach wenigen Wochen waren diese verteilt! Für die Aktion musste er keine Werbung schalten – denn nach einem kurzen Gespräch erklärte sich die örtliche Tageszeitung bereit, die Aktion durch ihre redaktionelle Berichterstattung zu unterstützen. Gemeinsam setzten sie noch eins drauf: Für bedürftige Familien gab es nun 2 Monate lang – jeweils am

5 % für jedes Kind

Montag – das Angebot, ein Auto kostenlos zu reparieren. Bekanntmachung und Vorauswahl der Autos, die zur kostenlosen Reparatur angenommen wurden, übernahm die Tageszeitung. Dann kam die Medienwelle – und neben anderen Zeitungen kündigte sich auch RTL an und brachte einen Bericht über die Aktion. Heute ist der Unternehmer als Robin Hood von Mönchengladbach bekannt. Über 80 % der Gutscheine in der Familienrabattaktion wurden eingelöst – das brachte ihm in kurzer Zeit mehr als 400 neue Kunden.

Bezahlte Werbung in Massenmedien? Nur, wenn es Mehrwert bietet

Es gibt nur ganz wenige Gründe, weshalb Sie als Marketeaser zu den jahrelang gepflegten Standardwerbeaktivitäten der Old School-Werber wie der Schaltung von Anzeigen oder TV-Spots greifen sollten. Genau genommen nur drei:

1. Sie bekommen den Anzeigenraum oder Sendeplatz kostenlos und müssen auch keine Produktionskosten bezahlen.
2. Sie integrieren Ihre Kunden in Anzeigen oder TV-Spots.
3. Ihre Werbeaktion ist nur der Anlass zu weiterführenden Gesprächen.

Da die Fälle eins und drei vermutlich so häufig auftreten wie Frostschäden in der Karibik, beschäftigen wir uns am besten nur mit der zweiten Begründung. Integrieren Sie Ihre Kunden! Das ganze Buch handelt davon, was Sie mit Ihren Kunden gemeinsam tun können. Wie Sie beim Kundenerlebnis selbst dabei sein können. Oder wie Sie es bewerkstelligen, Ihren Kunden ein neues Produkterlebnis zu verschaffen. Wie soll das ausgerechnet mit Massenmedien funktionieren? Ganz einfach. Lassen Sie Ihre Kunden mitmachen! Machen Sie Kunden zum Inhalt dieser über Massenmedien verbreiteten Aussagen. Verschaffen Sie Ihren Kunden das vermutlich unbeschreibliche Erlebnis, für die Dauer eines 30-Sekunden-Spots im Fernsehen aufzutreten. Oder platzieren Sie ihn für eine Anzeigenstrecke im Playboy, in der Vogue, in Auto Motor Sport oder im Stern.

Models wie du und ich

Die Dove Werbekampagne will echte Frauen zeigen – keine makellosen Models. Die Darstellerinnen ihrer Plakat- und Anzeigenmotive gehören zu den ca. 1.000 Frauen, die Dove in Großbritannien und den Niederlanden in Fußgängerzonen und Einkaufzentren von der Straße weg gecastet hatte.

Gesucht wurden natürlich-schöne Frauen, die sich sichtbar wohl in ihrer Haut fühlen. So wie Linda di Maria, Coralie Moon und Syleste Molyneaux. Sie überzeugten vom ersten Moment durch ihre positive Einstellung zu ihren weiblichen Kurven und wurden sofort für die neue Kampagne von Dove gewonnen. Die Kampagne fand ein erstaunlich großes Echo in den Medien und begeisterte viele – auch männliche – Verbraucher.

Meine Liebe zu Mercedes

Unter dem Motto „Love Mercedes" forderte Mercedes Benz USA seine Kunden auf, sowohl Fotos und Geschichten einzusenden, die ihre ganz persönlichen Erlebnisse mit „ihrem" Mercedes ausdrücken. Unter der Microsite „Love Mercedes" sind diese persönlichen Erfahrungen versammelt. Vor allem die langjährigen Mercedes Besitzer, die mit ihrem Fahrzeug tatsächlich eine Art Liebesbeziehung pflegen, wurden durch diese Kampagne angesprochen und zum Einsenden ihrer Beiträge motiviert. Die besten dieser Fotos und Storys lieferten den Stoff für Anzeigen und TV-Spots. Einer dieser Spots war George und Luzstella Koschel gewidmet, die ihren Mercedes 270 im Jahre 1970 in Deutschland selbst abholten, anschließend mit ihm auf Europareise gingen und ihn dann nach Kalifornien ausführten.

Liebesbeziehung zum Fahrzeug

Bei den erfolgreichsten Werbekampagnen der letzten Jahre haben die Konsumenten selbst die Kontrolle übernommen. Für einen Old School-Werber sind Werbebotschaften immer auch Beweise seiner eigenen Kreativität. Für ihn ist es undenkbar, dass die Konsumenten, die von der Werbung vorgelegten Motive und Stilelemente aufnehmen und zu neuen Aussagen zusammensetzen.

Parodie als Zeichen der Verehrung

Sehr oft bedienen sich Kreative unter den Kunden des Mittels der Parodie. Einer der meist parodierten internationalen TV-Spots war die legendäre „Whassup-Kampagne". Der im Original für viele Millionen Dollar während des Super Bowls gesendete Budweiser Spot erreichte bereits zur Ausstrahlung ein Millionenpublikum. Das allerdings war nichts gegen die bestimmt mehr als 50 Parodien, die danach durch das Netz kursierten. Noch heute gibt es verschworene Fans, ja sogar Sammler dieser kleinen Kunststücke. Auf der Website http://www.soopalfy.nl sind Hintergründe und Parodien zusammengetragen. Bei der Parodie kommt es allerdings sehr darauf an, aus welcher Haltung heraus Variationen des ursprünglichen Spots entstehen; ob man von einer positiven Werbewirkung sprechen kann oder nicht. Denn das uralte satirische Mittel der Parodie wird sowohl von Fans als auch Adbustern – Gegnern der Werbekultur – verwendet.

6.
Marketeaser und Mobile Marketing

◆

In diesem Kapitel erfahren Sie unter anderem:

Dass es Menschen gibt, die ohne Handy tot wären.
Wie heute Weihnachtswunschzettel geschrieben werden.
Warum Twitter immer ein bisschen schneller ist..
Was die ukrainische Revolution mit Ihrem Geschäft zu tun hat.
Warum die Menschen neuerdings gerne Einkaufsnetze bilden.

Flash Mobs, eine kurze Mode mit anhaltenden Folgen

Ein Augustnachmittag auf der Kölner Domplatte. 100 Hände strecken sich dem Himmel entgegen. 50 Menschen bewegen sich um die eigene Achse und rufen dabei „ecki-ecki-ecki“. Exakt 15 Sekunden lang. Dann zerstreuen sich die Teilnehmer des seltsamen Happenings in alle Richtungen.

Wenige Tage vorher am Potsdamer Platz in Berlin. Ein Mann spannt einen Regenschirm auf. Das ist das Signal, auf das rund 50 Teilnehmer gewartet haben. Sie hüpfen und klatschen fünf Minuten lang auf sein Kommando. Auch da zerstreut sich die Menge, ohne ein Zeichen der Erklärung zu hinterlassen.

Happenings für einen Sommer

„Flash Mobs“ heißen diese skurrilen, für Außenstehende unerklärlichen Aktionen, bei denen sich wildfremde Menschen über E-Mail oder SMS verabreden, um nach einem einfachen Skript die Öffentlichkeit für Sekunden oder Minuten mit diesem besonderen Happening zu beglücken. Einen Sommer lang fanden die in New York initiierten Flash Mobs Nachahmer auf der ganzen Welt. Mal umarmten sich wildfremde Menschen auf offener Straße, mal muhten sie wie Kühe in einem Burger King Restaurant. Manche wollten das als Vorläufer einer Protestkultur hochstilisieren. Andere beklagten das große Medieninteresse, das den Aktionen schnell den wilden und anarchischen Charakter nahm. Schließlich hatte bereits der erste deutsche Flash Mob nichts Revolutionäres mehr, sondern wurde von einem Radiosender als Strippenzieher im Hintergrund organisiert.

Das Flash Mob-Phänomen verbreitete sich rasend schnell um den Erdball, allerdings nur für einen Sommer. Es hat aber deutlich gemacht, wie einfach, schnell und effektiv sich Bürger mittels Handy und Internet organisieren und gemeinsam agieren können.

Das Handy, als völlig ortsunabhängiges Medium, ermöglicht es, blitzschnell Nachrichten zu verteilen, ein Netzwerk zu schaffen oder zusammenzuführen. Als Smartphone ist es das Universalmedium in der Hosentasche: Internetzugang, Telefon, Fotoapparat, Video- und MP3- Player, Organizer und Taschenrechner. Es ist Navigationsgerät, Reiseführer, Wörterbuch oder virtuelles Sekretariat. So nebenbei ist es das intimste Medium – denn es ist immer dabei, hautnah getragen!

Es wird in Kürze vielleicht das mächtigste Werkzeug sein, das Marketeaser in der Hand haben. Old School-Werber stehen rätselnd davor. Sie werden lernen müssen, damit umzugehen. Denn wer heute zwischen 10 und 20 Jahre ist, ist künftig möglicherweise nur noch über das Smartphone zu erreichen.

Die Macht der Smart Mobs

Nach Meinung des amerikanischen Internetpioniers Howard Rheingold verstärken sich Internet, Handy und gemeinsames Handeln in einer Art und Weise gegenseitig, dass in Windeseile schlagkräftige Gruppen entstehen können – wie diese Flash Mobs. Für diese derart vernetzten Gruppierungen hat Rheingold die Bezeichnung „Smart Mobs" erfunden. Mithilfe des Handys lässt sich sozialer Widerstand organisieren. Die Organisation von Massenprotesten, wie in der Ukraine oder beim Sturz des philippinischen Präsidenten Estrada, wurde über SMS und Internetverbindungen organisiert. Und Barack Obama führte einen Präsidentschaftswahlkampf, der sämtliche neuen Medien einsetzte: Sogar per SMS wurde man von Obama persönlich informiert (oder seinem Wahlkampfteam).

Organisierte Einkaufsnetze

Als die Textilkette H&M den Startschuss zum Verkauf der Lagerfeld-Kollektion gab, strömten die Kundinnen in „Einkaufsnetzen" aus und verteilten sich über die Filialen in ihrer Stadt, um sich über die Verfügbarkeit der wenigen Kleidungsstücke per Handy auf dem Laufenden zu halten.

Shoppen mit Handy

Als vor kurzem in einer süddeutschen Kleinstadt eine Zapfsäule an einer Automatentankstelle wegen Defektes kostenlos Sprit abgab, hatte sich binnen 15 Minuten bereits eine Schlange von 30 Fahrzeugen vor der Zapfsäule gebildet. Die Leute wurden per Handy aus Discos, Gaststätten und von der Straße zur Zapfsäule geleitet, um kostenlos den Tank zu füllen.

Das lebenswichtige Medium Handy

Das Handy ist ein sehr persönliches Medium, das von den meisten Nutzern permanent in der Hosen- oder Handtasche getragen wird – der durchschnittliche Handynutzer hat es 14 Stunden am Tag eingeschaltet. Über 50 % der Handybesitzer geben an, es auch während des Sex' eingeschaltet zu lassen, um erreichbar zu bleiben.

Der junge Deutsch-Türke Sezen Öge sagt:

> „Ohne Handy wäre ich sozial tot, dann könnte man gar keine Termine mehr ausmachen." *(Interview Südkurier, 07. 03. 2005)*

Das Handy ist derzeit das Medium Nummer eins für Terminabsprachen. Sogar das Ausgehverhalten von Jugendlichen hat sich dadurch bereits geändert. Während man früher einen Treffpunkt ausmachte, bevor man aus dem Haus ging, ist man heute unterwegs und verabredet sich mit denen, die in der Nähe sind. Partyveranstalter machen sich diesen Umstand schon zu Nutze. Sie senden die Infos über Termine und Treffpunkte nochmals am Abend der Veranstaltung via SMS an Jugendliche.

Privat und persönlich

Das Handy ist ein ideales Medium für Marketeaser, um den Kunden nahe zu sein und um zu zeigen, dass man schnell und persönlich informieren kann. Aber nur dann, wenn man den privaten und persönlichen Charakter des Mediums respektiert.

◆ **Die Vorteile des Mediums Handy:**

- Interaktiv
- Ortsunabhängig
- Persönlich
- Massenhaft verbreitet
- Schnell
- Preiswert

Push: Infos aufs Handy senden

Wen wundert es, dass die Old School-Werber die Push-Methoden ein bisschen besser kennen als die Pull-Strategien der Marketeaser. So entwickelten sich Push-Dienste in der Frühzeit des Mobile Marketings als erstes.

Auf das Handy kann man unter anderem folgendes senden:

- Allgemeine Werbung
- Einladungen zu Veranstaltungen
- Coupons, Gutscheine
- Zeitkritische Nachrichten
- Persönliche News

Aber wohin soll man das senden? An Kauf- oder Mietadressen denken die Push-Werber. Die Firma Mindmatics gibt an, über die Daten von drei Millionen Nutzern zu verfügen, die die Erlaubnis für Werbezusendungen auf ihr Handy erteilt haben. Hier versucht die alte Old School-Werbung in dem neuen Medium Gestalt anzunehmen. Natürlich ist das Vorliegen einer Erlaubnis, also eines expliziten Einverständnisses des Empfängers, die Voraussetzung dafür, dass Push-Marketingmaßnahmen überhaupt durchgeführt werden können. Die Erlaubnis dazu erteilen Nutzer allerdings nur dann, wenn der Gegenwert, ihr Nutzen groß genug ist. Simple Werbebotschaften braucht man aufs Handy nicht zu senden. Die Empfänger empfinden das als Werbemüll, den sie nicht haben wollen. Da muss schon Service geboten werden.

Pull: Die Nutzer aktiv einbinden

Marketeaser nutzen auch beim Mobile Marketing das Pull-Prinzip. Sie bieten Informationen an, die sich die Nutzer aus Interesse selbst aufs Handy holen wollen. Hier nur ein paar Beispiele, wie Unternehmen per Handy mit ihren potenziellen oder tatsächlichen Kunden kommunizieren können.

- **Abstimmungen**
- **Teilnahme an Gewinnspielen**
- **Bestellung von kostenlosen Serviceleistungen**
- **Aufbau von Communities usw.**
- **Bestellung von Infodiensten**
- **Abrufen von Location-based-Services**
- **Nutzung von Reminderangeboten**
- **Klingeltöne, Bildschirmschoner, MP3-Files, Spiele**
- **Elektronische Bücher**
- **Navigationshilfen, Reiseführer, Shopfinder**

Seitdem das Apple iPhone erschienen ist, erfreuen sich die so genannten iPone Apps einer großen Beliebtheit. Weltweit sind über 40 Millionen iPhones und iPod Touch Geräte verkauft worden – mobile Begleiter, die ihren Nutzern permanent den Weg ins Internet ebnen, Zugriff auf ihre Fotos und Musikdateien erlauben oder selbst als Kamera fungieren. Und auch bei der Navigation helfen die neuen Handys, die ja meist einen GPS-Empfänger eingebaut haben. Immer häufiger navigiert man damit nicht nur als Tourist zu Sehenswürdigkeiten, sondern auch zu Tankstellen, Fastfood-Restaurants oder jagt Modeschnäppchen hinterher. Tausende von Entwicklern basteln an Applikationen, die das Handy nützlicher machen und verkaufen diese für wenige Cent per Download. Mehr und mehr werden diese Applikationen auch für Werbezwecke entdeckt – wer es schafft, etwas Nützliches oder Unterhaltsames anzubieten, gelangt dadurch auf den Bildschirm des Handynutzers und ist dann als Marke in unmittelbarer Nähe des Nutzers. Standalone-Applikationen brauchen keinen Internetanschluss. Dies können zum Beispiel Spiele, Wörterbücher, Rechner usw. sein. Also alles Applikationen, die keine permanente Aktualisierung und keinen Datenaustausch via Internet erforderlich machen.

Auch wenn man sich den iPhone Besitzer als den smarten Geschäftsmann vorstellt: Spiele sind die mit Abstand beliebtesten Anwendungen auf dem Handy.

Spielen mit Apps

Mercedes Benz hat daher ein klassisches Quartett als Handyversion heraus gebracht. Es zeigt 64 Fahrzeuge aus dem Mercedes Benz Museum in Stuttgart. Wer will, kann im Multiplayer-Modus gegen andere Spieler antreten. Die Downloads für das simple Spiel liegen im hohen siebenstelligen Bereich.

Über 1,4 Millionen Mal wurde das von Volkswagen angebotene Spiel „VW Polo Challenge“ bereits heruntergeladen. Das Rennspiel sollte Werbung für den VW Polo machen – integriert ist darin auch die Weiterleitung zum nächsten Händler und die Möglichkeit, dort direkt eine Probefahrt zu vereinbaren.

Möchten Sie Kunden zu Ihrer nächsten Filiale führen? Das geht durch das im iPhone integrierte GPS-Modul ganz einfach. So bringt sie der Sparkassenfinder zum nächsten Geldautomaten. Die Applikation ermittelt Ihren Standort, zeigt den Standpunkt des nächsten Geschäftes an und navigiert Sie sicher ans Ziel. Genau diese Navigationsfähigkeit macht sich auch Adidas zunutze. Ein mobiler Reiseführer führt den Handybenutzer zu den Standorten von fast 100 Streetart-Werken, die in Hausfluren oder an Hausfassaden in Berlin Mitte prangen.

Mit einer gut gemachten iPhone Applikation können Sie sich fest bei dem iPhone Anwender verankern und dafür sorgen, dass er sich intensiv mit Ihrem Unternehmen oder Ihrer Werbung beschäftigt. Aber nicht plumpe Werbung ist gefragt, sondern Anwendungen mit hohem Nutzeffekt oder großem Unterhaltungswert.

Empfängnisverhütung per Klingelton

Mit dem Pillen-Reminder bot der Berliner Spezialist für Mobile Marketing YOC AG jungen Frauen an, sie an die Einnahme der Pille zu erinnern. Rund 200.000 vergessliche Nutzerinnen nahmen das Angebot gerne an.

Dein Handy, dein Schummelhelfer

Die ebenfalls von der YOC AG initiierte Schummelhilfe nahmen rund 70.000 Schülerinnen und Schüler in Anspruch. Unter dem Motto „Gib Prüfungsangst keine Chance", bot der mobile Dienstleister für die Fächer Englisch, Französisch, Spanisch und Latein die SMS-Schummelhilfe an. Er stellte erfahrenes Lehrpersonal bereit, um die Fragen der Lerngeplagten sekundenschnell per SMS zu beantworten.

Lehrer helfen Schummeln

Die Schummler mussten sich eine Woche vor Klausurtermin beim Unternehmen anmelden. Sie brauchten nur ihren Namen, ihr Alter und Geschlecht, die Klassenstufe, das betreffende Fach und natürlich das Datum der Klassenarbeit in einer SMS an die YOC Kurzwahlnummer 72 76 8 schicken (z. B. Michaela, 17, w, 10. Klasse, Englisch, 21. 11. 09).

Am Tag der Klassenarbeit stellte das Unternehmen dann die nötigen Experten bereit, die die Fragen der klausurgeplagten Schüler schnellstmöglich beantworteten.

Wie Sie virale Effekte einbauen

Marketeaser nutzen alle Möglichkeiten der Mundpropaganda, auch im neuen Medium. Denn das Handy ist ebenso wie das Internet zur schnellen und unkomplizierten Verbreitung von Botschaften geeignet.

Wenn der Weihnachtsmann zweimal klingelt

Wohl niemand schreibt mehr Wunschzettel und versendet diese noch ans Christkind. Aber wie wäre es, wenn die Eltern oder Großeltern einen Anruf vom Weihnachtsmann erhielten, der ihnen mitteilt, dass ihr Jüngster sich eine Sony Playstation zu Weihnachten wünscht? 300.000 Jugendliche wurden bei dieser generationenübergreifenden Aktion per SMS angeschrieben und konnten sich dafür entscheiden, den Weihnachtsgruß an ihre Eltern zu übermit-

Generationenübergreifende Aktion

teln. Wer die SMS an seine Freunde weiterschickte, konnte eine Playstation oder zahlreiche Spiele gewinnen. Im Schnitt reichten die Teilnehmer die Botschaft zweimal weiter. 37.714 Wunschzettel wurden verschickt, bei denen Santa Claus den Weihnachtswunsch übermittelte. Leider war es dann doch nur ein Sprachcomputer, der den Anruf tätigte.

„Die Unglaublichen" kommen

Zum Filmstart des Comic Filmes „Die Unglaublichen" führte Mc Donalds eine Mobile Marketing-Aktion durch. Dabei waren auf den Getränkebechern individuelle Codes aufgedruckt, die man per SMS unter Angabe des eigenen Handymodells und der Mobilfunknummer einsenden konnte. Als Gegenleistung erhielten die Einsender kostenlose Klingeltöne, Bildschirmhintergründe, oder Mini-Videoausschnitte vom Film. Um die Verbreitung der Werbung zu fördern, packten die Mc Donalds Leute einen so genannten Message-Creator mit obendrauf. Da konnte man sich mit dem eignen Fotohandy, umrahmt von den Zeichentrickfilmhelden, selbst fotografieren und das Ganze mit einem passenden Grußtext an seine Freunde senden.

Das Handy als Produktionsmedium

Moblogging ist eine Möglichkeit, mittels Handy Blogeinträge zu erstellen – besonders geeignet für Events, Insiderberichte, Live-Reportagen.

„Moblogging" ist eine Abkürzung für Mobile Blogging, was Sie wahlweise als „Bloggen von unterwegs" oder „Bloggen mit dem Handy" interpretieren können. Denn um seine Website zu pflegen, muss man nicht unbedingt permanent über Internetanschluss verfügen. Ein Handy genügt.

Dabei können sowohl Bild- als auch Texteinträge mit dem Handy erstellt und an das eigene Blog gesandt und dort veröffentlicht werden. Die Möglichkeit, somit sein Blog von unterwegs zu pflegen, ohne über einen Internetanschluss verfügen zu müssen, macht das Bloggen schneller und bietet die Chance, direkt vom Ort des Geschehens zu berichten. Die meisten Anbieter von Blog-Diensten oder Blog-Software bieten einen Handyzugang zum eigenen Blog an.

Und wer nicht bloggen will, der twittert eben – vom Handy aus.

Vom Handy zu Twitter

Der rasant wachsende Microblogging-Dienst Twitter ist derzeit der beste Weg, Kurznachrichten blitzschnell um die Welt zu befördern. Twitter ist im Grunde das Gleiche wie bloggen – nur dass die Anzahl der Zeichen, die für einen Nachrichteneintrag zur Verfügung stehen, auf 140 beschränkt ist. So etwas ist schnell auf dem Handy getippt und jeder, der ein solches Gerät in der Hosentasche hat, wird zum Nachrichtenproduzenten. Ein Flugzeug ist auf dem Hudson notgelandet – das wusste man zuerst über Twitter. Dass Horst Köhler zum Bundespräsidenten wiedergewählt wurde – eine Indiskretion aus dem Abstimmungssaal – beförderte die Nachricht nach draußen, bevor sie offiziell verkündet wurde. Auch die Ergebnisse von Wahlhochrechnungen, die im TV erst ab 18.00 Uhr – also nach Schließung der Wahllokale – präsentiert werden dürfen, drangen im September 2009 bei den Landtagswahlen in Thüringen, Sachsen und dem Saarland schon vorher via Twitter an die Öffentlichkeit. Was heißt das für Unternehmen? Bloß nicht stumm bleiben – die Möglichkeiten des Handys als Nachrichtensender nutzen. Millionen Menschen in aller Welt beweisen, dass sie so Informationen austauschen wollen.

Perfekt verknüpfte Botschaften: Das Handy im Kommunikationsmix

Das Handy in der Hosentasche ist ein perfektes Bindeglied zu anderen Informationsangeboten. Nicht nur die Verknüpfung von Handy und Internet ist ein mächtiges Werkzeug. Auch die Verknüpfung von Verpackung, Werbung am Point of Sale und Handy wirkt.

Eine Mobilfunknummer auf der Verpackung, dem Regal, einem Plakat oder einer Anzeige kann Kaufinteressierten den Weg zu weitergehenden Informationen aufzeigen oder sogar die sofortige Teilnahme an einem Gewinnspiel ermöglichen. Die ersten Marketeaser verstehen es jedenfalls schon prächtig, die virtuelle und reale Welt perfekt miteinander zu verzahnen.

Virtuelles und Reales

Schweppes zahlt die Zeche – sofort

Die Schweppes Gastronomie Promotion machte sich die ständige Verfügbarkeit des Handys zu Nutze. Massenhaft in der Gastronomie ausgeteilte Bierdeckel verkündeten ein Sofort-Gewinnspiel mit dem

Motto „Schweppes zahlt die Zeche“. Teilnehmer, die den Untersetzer unter ihrem Glas entdeckten, konnten eine SMS an die Gewinnhotline senden. Die Nachricht, ob Gewinn oder Niete kam sofort. Gewinner konnten sich über maximal 50 Euro freuen, die vom Wirt ausgezahlt oder verrechnet wurden. Neben tausenden von Teilnehmern hatte die Aktion noch einen durchschlagenden Effekt in der Gastronomie. Denn Schweppes konnte mit der originellen Gewinnaktion zahlreiche neue Gastronomen als Kunden gewinnen.

7.
Außenwerbung nach Marketeaser-Art

◆

In diesem Kapitel erfahren Sie unter anderem:

Dass 99,9 % der Außenwerbeflächen noch nicht entdeckt sind.
Was Sie von Rockstars lernen können.
Dass Hundehaufen eine tiefere Bedeutung haben können.
Wie Sie eine ganze Stadt zum Spielplatz machen.
Was gestandene Männer mit 1.000 Tonnen Sand anfangen.

Die neuen Instrumente in der Außenwerbung

Je größer die Stadt in der Sie leben, desto mehr Außenwerbung gibt es. Großflächenplakate, Litfaßsäulen oder beleuchtete Vitrinen prägen das Stadtbild an Straßen, Bushaltestellen oder in den Einkaufszentren. Kaum eine Stadt, in der die Busse und Straßenbahnen nicht mit Werbefolien beklebt sind; manchmal bescheiden, manchmal vollflächig. Was längst nicht alles ist: Kneipen, Szenediskotheken, Hallenbäder, Kinos, Fitnessstudios, Bibliotheken – man sollte meinen, Werbung verfolgt einen auf Schritt und Tritt. Wenn Sie Pech haben, stehen Sie mit einer Reklame unter der Dusche oder teilen mit ihr die Rolle Klopapier.

99,9 % der Werbeflächen sind unentdeckt

Unsere Außen- oder Umwelt scheint voll von Werbung. Aber der Marketeaser weiß: 99,9 % der Werbeflächen sind unbesetzt. Wahrscheinlich noch nicht mal entdeckt. Wenn Sie jetzt ein normaler Werber wären, würden Sie es so machen: Sie rufen bei einer großen Außenwerbefirma an und fragen sie, welche ihrer hundert oder tausend Werbeflächen für Sie gerade frei ist. Sie lassen ein Plakat in Standardmaßen anfertigen und warten, bis es in einer oder zwei Wochen aufgeklebt wird. Dann hängt es da und Sie fahren an Ihrer Werbung vorbei. Sie merken, dass Sie aus dem fahrenden Auto heraus nichts entziffern können und stellen Ihren Wagen unter einer Laterne ab, um ein Foto zu machen (sorry, als Normalwerber sind Sie auch tagsüber Laternenparker). Aber da gerade Schulschluss ist, stehen für die nächsten 25 Minuten lärmende Kinder vor Ihrer Werbung. Natürlich mit dem Rücken zur Botschaft. Schlecht für Ihr Foto. Schlecht für Ihre Werbung.

Aber Sie sind kein normaler Werber. Sie sind ein Marketeaser! Sie haben eine Trüffelnase und finden die allerbesten Werbeflächen selbst. Nein, es ist nicht die Plakatvitrine am Hintereingang zur Badstraße. Es ist der große weite Platz vor dem Rathaus, der Brunnen, zu dem die Touristen pilgern, der Kirchturm, der mal wieder ein Transparent vertragen könnte oder der megamäßige Baukran in der Schlossallee. Das sind die Stellen, an denen Werbung auffällt. Nur leider passen da keine DIN-Maße. Einem Marketeaser ist das herzlich egal. In seinem Instrumentenkoffer gibt es eben mehr als DIN-Plakate.

◆ **Vorteile von Aktivitäten im öffentlichen Raum:**

- Sie richten sich an ein größeres Publikum,
- Sie können Gespräche auslösen,
- Sie können die Zuschauer direkt einbeziehen,
- Sie können intensive Erlebnisse schaffen,
- Sie werden nicht nur allein, sondern auch in Gemeinschaft wahrgenommen,
- Sie lassen sich unter Einbeziehung lokaler Gegebenheiten planen und können exakt dem Standort angepasst werden,
- Sie ermöglichen einen Dialog mit den Teilnehmern,
- Sie sind häufig Gegenstand einer Berichterstattung in den Medien.

Pflastermalerei

Marketeaser nutzen den ganzen Raum. Und siehe da – Werbeflächen befinden sich auch unter den Füßen. Unter den Pflastermalern sind Top-Leute, die mit fotorealistischen Motiven den Eindruck erwecken können, dass sich der Boden unter den Füßen auftut. Wieder andere imitieren die klassischen Werke im Stil großer Freskenmalerei. Die Wodka-Marke Absolut hat einige der besten Pflastermaler der Welt ihre legendären Werbemotive auf den Asphalt zeichnen lassen.

Fresken auf Asphalt

Werbung für Fleckentferner

Eine sehr wirkungsvolle Kampagne für den Fleckentferner K2r nutzte die auf Trottoirs vorhandenen Schmutzflecken (ölige Stellen usw.), indem sie um die Flecken ein Kleidungsstück (etwa ein Hemd, ein Kleid oder eine Krawatte) mit weißen Kreidestrichen malte. Besser kann man einen Textilreiniger nicht in Szene setzen.

Happenings

Happenings, Performances und Aktionskunst – in den 60er-Jahren entstand eine Vielzahl von Aktivitäten, die Kunst auf die Straßen brachte oder in Galerien das Publikum in die künstlerischen Darbietungen mit einbezog. Die Aktivitäten spielten mit Ängsten und Tabus, versuchten zu schockieren oder machten das Publikum zu unfreiwilligen Mitspielern der Handlungsabläufe. Wer jemals einer

Darbietung splitternackter und blutbeschmierter Anhänger des Happening-Provokateurs Otto Mühl beiwohnte, weiß, wovon ich rede.

Happenings waren häufig provozierend. Deshalb wurden sie auch sehr rasch in die politische Protestkultur aufgenommen. Bis heute überleben sie da als Methode, die Passanten aufrütteln, verwirren oder amüsieren soll. Natürlich sind sie weit medienwirksamer als stille Flugblattverteilaktionen oder Infostände auf Tapeziertisch-Basis. Das Online Magazin Telepolis schilderte happeningartige Proteste gegen das Weltwirtschaftsforum (WEF):

> „Wer am Samstag nichts ahnend durch die Berner Innenstadt spazierte, kam aus dem Staunen nicht heraus. An einer Ecke beteten junge Leute im Mönchskostüm als Kapitalisten und Polizisten verkleidete Menschen an, woanders liefen Leute mit kleinen Radios herum, die die neuesten Informationen von verschiedenen Aktionen in der ganzen Schweiz bekannt gaben. Auffällig verkleidete Straßenkehrer fegten die Plätze von Bern. ‚Wir fegen jeden Proteste gegen das WEF von der Straße', hieß es auf großen Schildern, die an den Besen festgemacht waren. ‚WEF gehört die Stadt', hieß es auf bunten Luftballons. Andere waren etwas frecher mit der Parole – ‚WEF zum Platzen bringen'."
> *(Quelle: http://www.heise.de/tp/r4/artikel/19/19302/1.html)*

In der Werbung werden Happenings eher selten verwendet. Das ist ein gutes Zeichen. Denn Dinge, die nicht jeder macht, haben noch die Ausstrahlung des Ungewöhnlichen. Kein Wunder, dass eines dieser seltenen Happenings beinahe weltweit die Runde machte.

Könnten Sie mich mal fotografieren?

Sie kennen den Spruch. Ich selbst habe schon dutzende von Urlaubern – Alleinreisende, Pärchen, Gruppen – auf der Bodenseefähre fotografiert. Sony Ericsson nutzte dieses Touristenverhalten aus, um sein neues Fotohandy zu bewerben. Als Urlauber getarnte Schauspieler waren in amerikanischen Großstädten unterwegs und sprachen vor typischen Sehenswürdigkeiten Passanten an, mit der Bitte von ihnen fotografiert zu werden. So konnten tausende von Menschen mit dem neuen Fotohandy handfest bekannt gemacht werden. Auch die Funktionen des Handys konnten spielerisch erklärt und sofort ausprobiert werden. Im Anschluss an die Fotoaufnahme wurden die Angesprochenen über die Werbeaktion aufgeklärt.

Als Urlauber getarnt

Street Teams

Bereits zu Beginn des 19. Jahrhunderts klebten Werbeflächen nicht einfach nur an Hauswänden, sondern wurden von „Sandwichmännern" durch die Straßen getragen. Die Plakatträger waren zwischen mit Werbung beschrifteten Holzbrettern eingeklemmt wie ein Brötchen und präsentierten die Reklame dann an Plätzen mit hoher Besucherfrequenz. Unsere Werbevorfahren sahen sich einem ebenso harten Wettbewerb um die Aufmerksamkeit der Passanten ausgesetzt wie die heutigen „Werbeträger". Und so kam es, dass die raffiniertesten Werbeleute diese Sandwichmänner nicht mehr mit simplen Werbeplakaten durch die Gegend schickten. Sie steckten sie in 3-D-Objekte und plötzlich spazierten mannsgroße Tintenfässer durch die Gegend. Gegen Ende des 19. Jahrhunderts waren die Werbegebilde in London so groß wie kleine Wohnhäuser und wurden von mehreren Menschen getragen oder von Pferden durch die Stadt gezogen. Sandwichmänner sieht man heute viel zu selten – vor allen Dingen solche, die nicht nur eine Papptafel um den Hals haben, sondern auf kreative Weise einen Auftritt inszenieren.

Männer in Tintenfässern

Multimediale Sandwichmänner

Die kanadische Firma Pixman Corporation empfiehlt sich weltweit als Partner für Marketing-Aktionen auf der Straße. Die Sandwichmänner der Gegenwart sind nun in schwarzes Hightech-Outfit gekleidete Männer und Frauen, die Projektoren und LCD-Displays am Leib tragen und dynamische Werbung abspielen. Pixman hat bereits zahlreiche Streetmarketing-Aktionen in Montreal, New York, Las Vegas, Chicago oder Boston durchgeführt und dabei für globale Marken wie American Express, Coca Cola, Microsoft oder Volkswagen geworben.

Installationen

Die Aktionskünstler Christo und Jeanne-Claude sind die Weltstars einer Aktionskunst, die den öffentlichen Raum durch Verhüllungen oder andere Installationen von kurzer Dauer verändert. In den 70er-Jahren machte das Künstlerpaar durch den „Running Fence" Furore – ein Zaun aus Stofftüchern, der sich 40 Kilometer lang über Höhenzüge, Straßen und Täler quer durch kalifornische Landschaft spannte.

Nach drei Jahrzehnten Vorbereitungszeit wurde am 24. Juni 1995 das Reichstagsgebäude für die Dauer von 14 Tagen verhüllt. Und im Jahre 2005 verwirklichten sie in New York ein gigantisches Projekt. Über 37 Kilometer lang wandte sich ein Weg aus mit safranfarbenem Stoff verhüllten Toren durch den New Yorker Central Park und sorgte dort für einen Zustrom von Touristen aus aller Welt. Das Prinzip der Installationen schafft Irritation und Faszination gleichermaßen. Kein Wunder, dass die ersten Marketeaser versuchen, es für Werbebotschaften einzusetzen.

Jeans in Eis

Eines Tages sind in drei deutschen Großstädten überdimensionale Eisblöcke vom Himmel gefallen. Jedenfalls sah es so aus. Die tonnenschweren Eisblöcke sind auf einigen geparkten Pkws niedergegangen und haben deren Dächer massiv eingedrückt. Im Innern der Eisblöcke waren Wrangler Jeans gefroren, die mit dem Schriftzug „Wanted“ versehen waren. In Schaufensterdekorationen wurde die „Wanted-Kampagne“ fortgesetzt.

Tourneen

Market like a Rock Star

„Market like a Rock Star“, meinen die beiden Marketingprofis Jackie Huba und Ben McConnell. Sie empfehlen Unternehmen mehr auf Tournee zu gehen, raus zu den Kunden! Denn Rockstars haben das Tourneeprinzip ja schon lange begriffen. Zu jedem neu vorgestellten Album gibt es auch eine Tour durch die Konzertsäle oder Musikschuppen. Wenn Marketeaser auf Tour gehen, dann damit sie ihre Fans treffen und neue Kunden kennen lernen. Nicht das Verkaufen darf bei einer Tournee im Vordergrund stehen, sondern der gemeinsame Spaß mit dem Kunden, das Erlebnis, das Sie ihm bieten können.

Weihnachten kommt, Coke ist da!

Der Klassiker der Werbung on Tour ist zweifelsohne der Coke Weihnachtstruck, der für jeweils einen Tag in einer Stadt Halt macht. Ein Riesenspaß für Kinder und Jugendliche, ein Event, das ein umfangreiches Showprogramm auf die Beine stellt, oft mit Einsatz lokaler Musikgruppen. Neben dem Vorlesen von Weihnachtsgeschichten für die Jüngsten, gemeinsamen Fotoshootings mit dem Weihnachtsmann und dem Kara-Coke Wettbewerb auf der mobilen Showbühne des Trucks, läuft hier ein lukratives Merchandising-Geschäft mit zahlreichen Artikeln, die eigens für diese Tour produziert wurden – vom Coke Flaschenöffner bis hin zu Weihnachtsschmuck, Schneemännern oder Spielzeugtrucks.

Der WiFi-Guy oder ein PR-Mann auf der Straße

Der Internetservice-Provider CI Host sandte einen seiner Angestellten für ein paar Wochen als WiFi-Guy quer durch die Staaten. Ziel des WiFi-Guys war es zu beweisen, dass er die USA durchqueren kann, ohne dabei den Kontakt zum Internet zu verlieren. Auf seiner Reise wollte er einerseits herausbekommen, inwieweit schon überall in USA der drahtlose Internetzugang möglich ist, andererseits kreuzte er bei lokalen Veranstaltungen auf, führte Interviews mit lokalen Zeitungen und Radiostationen und sprach mit den Kunden über deren Erfahrungen mit dem drahtlosen Internetzugang. Von seinem Arbeitgeber wurde er mit einem knalligen orangefarbenen Truck ausgestattet, den er überall dort parkte, wo er einen WiFi-Hotspot vorfand – das konnte ein Hotel, eine öffentliche Einrichtung oder ein Starbucks Café sein. Der WiFi-Guy, ein ehemaliger Musikjournalist, besuchte zahlreiche Festivals und Konzerte, wo er mit seinem Truck und seiner ungewöhnlichen Mission sofort auffiel. In einem Blog konnte man die Reise durch die Staaten verfolgen.

On the road

A capella am Point of Sale

Etwas ganz Besonderes sollte es zur Einführung des Eiskonfekts Magnum Moments in England geben. Dazu setzte sich der Eishersteller mit einer Agentur zusammen, die eine Straßentheater-Kampagne kreierte. Eine Kampagne, die auf der Straße, dem Parkplatz oder wie hier – im Supermarkt – funktionierte.

Drei in perfekt sitzenden Anzügen gekleidete, umwerfend aussehende junge Männer waren die Promoter, die einer vorwiegend weiblichen Kundschaft die neue Eiscreme zum Probieren anbieten sollten. Warenproben ließen sich aber nur in den Gesangspausen verteilen: Denn die drei waren A-cappela-Sänger, die Hits wie „Only You" der Flying Pickets zum Besten gaben – im Text ein bisschen auf die Eiscreme-Promotion abgestimmt. Die Kampagne fand in 52 Filialen der Supermarktkette Tesco statt. Offensichtlich brachten

Herzen schmelzen

die Sangeskünste die Herzen der Kundinnen zum Schmelzen. Während der Promotion übertrafen die Absatzzahlen alle Erwartungen.

Cut & Paste oder wie man Hundehaufen umdeutet

Im Winter 2004 geschahen seltsame Dinge in einem verschneiten frostigen Würzburger Schlosspark. Die an vielen Stellen befindlichen Hundehaufen waren mit kleinen amerikanischen Flaggen verziert, so, wie sie ansonsten in Käsewürfeln auf Buffets stecken. Was war das für ein Protest? Ein Protest gegen die amerikanische Weltmacht? Ein Warnhinweis, der Fußgänger vor Fehltritten bewahren sollte? Der unbekannte Würzburger Aktionist hatte einen Vorgänger im kurz zuvor abgelaufenen Wahlkampf, der in amerikanischen Städten Hundehaufen mit „Bush"-Fähnchen dekorierte.

Die Technik des Cut & Paste nimmt vorhandene Gegenstände des Alltags, nimmt unsere Umwelt ins Visier und versucht diese durch Anbringen einer Botschaft umzudeuten. Grundsätzlich kann dies jedes Objekt in unserer Umgebung sein. Als häufigste werden aber Objekte zur Zielscheibe oder Projektionsplattform, die ohnehin mit Bedeutung aufgeladen sind:

- Verkehrsampeln und Verkehrszeichen
- Denkmäler
- Historische Gebäude
- Bauzäune
- Brachflächen
- Ruinen
- Brücken
- Schornsteine
- Bushaltestellen

Die mitgenutzte Radarfalle

Das Landshuter Fotofachgeschäft Foto Sobolewski hat eine Werbefläche direkt neben einer Radarfalle gebucht. Der passende Text darauf: „Unsere Fotos sind schöner, schneller, günstiger."

Der Gully mit Blick aufs Meer

Für eine Kampagne gegen Meeresverschmutzung bezog eine neuseeländische Werbeagentur Gullys mit ein. Sie ließ einen Pflastermaler Krebse, Taucher oder ein kleines Baby um die Abflüsse malen mit dem Text: „Wenn du das Wasser vergiftest, vergiftest du mich."

Events

Events – man kann das Wort kaum mehr hören. Jedes kleine oder große Ereignis wurde seit den 90er-Jahren als Event bezeichnet. Fehlt nur noch, dass der Schrebergartenclub Wanne-Eickel seine Gartenparty als Event bezeichnet. Gute Events sind für Old School-Werber meistens pompöse Inszenierungen. Da ist die Marke der Held auf der Bühne und die Eventteilnehmer geben als Zuschauer eine prächtige Kulisse ab. Für den Marketeaser sind Events nicht zur Selbstbeweihräucherung gedacht. Ein Marketeaser fragt sich nicht: „Wie soll ich mich bei diesem Event darstellen?" Sondern: „Wie kann ich den Teilnehmern Spaß bereiten?" Vergessen Sie bei Events bloß das Mantra Nummer 4 nicht, das da lautet: Schaffe Gemeinschaft!

Hotels werden zu Textlandschaften

Das Literaturhotel ist eine Lesetournee, die sich der Autor Marcel Magis ausgedacht hat. Eine hervorragende Idee!

Für die Dauer von zwölf Monaten hielt Literatur in zwölf Hotels in zwölf unterschiedlichen Städten Einzug. Nein, nicht in Form einer herkömmlichen Lesung. Die Autorinnen und Autoren verwandelten die teilnehmenden Hotels in eine begehbare Textlandschaft: Yoko Tawada ließ Papierkraniche mit Gedichten in Fluren und Zimmern „auftauchen", Kerstin Tomiak bespielte Fahrstühle mit vertonten Texten, Herbert Hindringer hinterließ Wortspuren auf Servietten und Handtüchern ... Viele weitere Aktionen ließen Poesie und Literatur aufleben, um die Gäste des Hotels unaufdringlich zu verzaubern.

Lesetournee im Hotel

Die ganze Stadt ein Spielplatz

Auf nahezu perfekte Weise hat sich Sportartikelhersteller Adidas der Methoden des Cut & Paste bedient, Objekte des Straßenbildes durch Aufkleber umgedeutet und die ganze Stadt Berlin zu einem Spielplatz erklärt (Adidas City Games).

So wurden Glasmüllcontainer oder Papierkörbe durch Aufkleber mit dem Text „Ich bin ein Basketballkorb" umgedeutet. Andere Plakate mit Texten wie „Ich bin ein Fußballplatz" oder „Ich bin ein Basketball-Court" veränderten die Wahrnehmung von Hinterhöfen, Hauswänden oder Ruinen auf eindrucksvolle Weise. Die tatsächlich

Umdeutung des Raumes

stattfindenden Sportturniere wurden dann ebenfalls in umgedeuteten, zweckentfremdeten Räumen durchgeführt. Die Events fanden zum Beispiel in ungenutzten Schwimmbädern, auf den Dächern leer stehender Wohnhäuser oder auf einem Frachtschiffdeck statt. In Berlin gibt es zahlreiche dieser ungenutzten Brachflächen. Und gleichzeitig zu wenige Freiräume für Jugendliche, die für Sport, Freizeitaktivitäten oder Treffen genutzt werden können.

Tonnenweise Sand zum Testen

Anstatt Werbemillionen wie bisher in nutzlosen TV-Spots zu verblasen, legte Chrysler drei Millionen Dollar Werbebudget besser an. Das Unternehmen baute anlässlich der Chicago Auto Show 2005 einen vier Footballfelder großen Geländeparcours, in dem die Besucher zu professionellen Fahrern ins Fahrzeug steigen konnten. So erlebten viele wohl zum ersten Mal wie die Magengrube kribbelt, wenn es 45 Grad bergab geht. Über 75.000 Menschen hatten Gelegenheit dieses Erlebnis zu genießen. Mit einem ähnlichen, aber kleinerem Geländeparcours, hatten die Chrysler Manager schon gute Verkaufserfahrungen gemacht. Acht Prozent der Teilnehmer an dem Test-Geländeritt bestellten daraufhin einen Jeep. Unschätzbar groß war aber der Wert der Mundpropaganda, die begeisterte Teilnehmer auslösten. Inzwischen ging auch Ford zu solchen Testfahrten mit seinem Modell Mustang über. „Sie müssen sich nur mal die Gesichter der Leute ansehen, wenn sie danach aus dem Auto steigen", sagte Ford Manager Stu Smith, „das schafft keine TV-Werbung."

Raserei unterm Reichstag

Für ein einzigartiges unterirdisches Kart-Rennen nutzte Snickers das Tunnelsystem der U-Bahn-Station unterm Reichstag und machte es zur Rennstrecke. In der dort für das Ereignis dekorierten Snickers Erlebniswelt traten die Fahrer in Dreierteams gegeneinander an und rasten mit über 60 km/h durch die engen Röhren. An der 640 Meter langen Strecke verfolgten über 3.000 Zuschauer das Rennen.

◆ **Vier Prinzipien, in freier Wildbahn zu werben:**

Überraschen. Stellen Sie sich die Menschen vor, wie sie morgens gehetzt, abends müde von der Arbeit kommen. Vorbei an den immer gleichen Geschäften, Haltestellen, Telefonhäuschen oder dem mickrigen Straßenbegleitgrün im Betonkübel. Meinen Sie, die merken, wenn sich was ändert? Ja, am ersten Tag noch. Plötzlich sind Tulpen im Blumenkübel. Aha, der Frühling ist da! Ein paar Tage lang sind die Leute wie aus dem Häuschen, dann stöhnen sie schon über die Hitze. Wenn Sie als Marketeaser etwas bewegen wollen, tauchen Sie plötzlich auf! Und bevor es so weit kommt, dass Sie übersehen werden könnten, verschwinden Sie wieder. Je überraschender Ihre Werbung auftaucht, desto stärker ist ihre Wirkung. Das Geheimnis der Überraschung ist übrigens nicht, dass etwas geschieht, sondern dass etwas Unerwartetes geschieht. So wird sich niemand darüber wundern, wenn Sie eine Herde Kühe durch Oberammergau treiben. Wenn Sie das vor dem Bundeskanzleramt tun, eilen Ihnen sogar TV-Kameras zur Seite und lächelnde Japaner werden Sie bitten ein Foto à la „Geisha mit Kühen" zu machen. Mal ganz abgesehen von den Menschentrauben, die wissen wollen, wer dahinter steckt.

Lokalisieren. In der Außenwerbung bestimmen Ort und Zeitpunkt, welche Empfänger Sie erreichen. Entscheidend ist, dass Sie wissen, wen Sie wo und wann antreffen. Ihre Zielgruppe sind Jugendliche von 16 bis 18 Jahren? Dann fangen Sie schon mal an, die Schulhöfe auf Ihrer Stadtkarte zu markieren. Ihre Zielgruppe sind Businessleute, die es geschafft haben? Sie treffen sie am Flugplatz! Sie haben eine Spezialreinigung für bespielte Holzflöten erfunden? Dann werben Sie gleich in Musikgeschäften. Moment mal, fragt sich der Normalwerber, und was ist mit den anderen? Denen, die schon in der Ausbildung stecken, lieber mit dem eigenen Auto fahren oder ihre Blockflöte im Schrank versteckt haben? Antwort: Die lassen wir schön außen vor. Ein Marketeaser hält lieber einen Käscher in den gut gefüllten Fischteich als eine Angelrute in den einsamen Bergbach. Denn die Außenwerbung hat nicht das Ziel „alle" zu erreichen, sondern mit geringstem Aufwand viele zu erreichen. Und mit den erreichten Leuten gemeinsam Spaß zu haben.

Dosieren. Normale Werber bekommen bei dem Wörtchen „dosieren" wahrscheinlich Schüttelkrämpfe. Weil sie meinen, dass der Grundsatz „Viel hilft viel" durch nichts zu ersetzen sei. Marketeaser wissen, dass nur die richtige Dosis über den Erfolg entscheidet. Ein bisschen ähneln sie dabei den Homöopathen, die Heilerfolge mit winzig klein bemessenen, kaum nachweisbaren Wirkstoffen erzielen. Anstatt eine Großstadt großflächig mit Werbesprüchen zu überziehen, wenden sie eine Methode an, die sie direkt aus dem politischen Untergrund abgeschaut haben: die Politik der kleinen Nadelstiche. Das spart Kosten, Kräfte und steht in vollem Einklang mit dem Marketeaser-Grundsatz, dass Menschen immer wieder aufs Neue überrascht werden wollen.

Integrieren. Die besten Aktionen sind die, bei denen Sie sich nicht selbst beweihräuchern, sondern Sie Ihren Kunden Raum geben. Egal, ob Sie diese in Werbeaussagen integrieren oder mit ihnen Erlebnisse teilen. Hauptsache, Sie tun es nicht allein!

Der Ritt auf der Rasierklinge

Werbeveranstaltungen in der Öffentlichkeit sind für Marketeaser der Ritt auf der Rasierklinge. Entweder es geht total daneben oder die Leute lieben Sie. Wenn Sie nackt durch die Fußgängerzone laufen, können Sie einen Menschenauflauf verursachen. Oder eine Anzeige wegen Exhibitionismus riskieren. In vielen Fällen blüht Ihnen sogar beides. Vor allem aber brauchen Sie ein Gespür dafür, was Sie dem Publikum zumuten können und was nicht. Denn viele Guerilla-Aktionen im öffentlichen Raum sind nichts anderes als das nervige Unterbrecherprinzip der Old School-Werber, das uns nun auch noch im täglichen Alltag verfolgt. Menschen, die auf dem Weg zum Shoppen sind, in einem Kinosaal sitzen oder gerade dringend ihren Bus erreichen müssen, stellen sich Werbebotschaften in den Weg. Ob sie es mögen werden oder nicht entscheidet darüber, ob diese Aktion erfolgreich oder ein totaler Fehlschlag wird. Werbeleute, die diesen Weg gehen, setzen sich einer Gefahr aus, die jeder Bühnenentertainer kennt. Als Vorgruppe kann es Ihnen jederzeit passieren, ausgebuht zu werden. Als Comedian werden Sie mit Zwischenrufen bombardiert, wenn Sie nicht lustig sind. Werbung auf der Straße ähnelt einer Show, bei der Sie nur gewinnen können, wenn Sie es schaffen, dass Sie das Publikum liebt.

Legal. Illegal. Oder total egal? Wo bleibt die Erlaubnis?

Eine Erlaubnis einholen? Die Grundsätze des Permission Marketings beachten – das geht in der Außenwerbung nicht. Denn im öffentlichen Raum ist nichts privat. Damit Sie allerdings nicht nach dem guten alten Unterbrecher-Prinzip verfahren, gibt es nur zwei Regeln: Finger weg von gefangenem Publikum. Und: Kein aggressives Vorgehen/Ansprechen von Passanten.

So nicht. Über schief gegangene Aktionen im öffentlichen Raum

Die britische Agentur Comment hat sich darauf spezialisiert, Live Performances und Straßentheater durchzuführen. Eines ihrer Angebote nennt sich „Live in Cinema". Dabei werden Kinospots durch Schauspielszenen in ihrer Wirkung extrem verstärkt. Bei einem Verkehrsicherheitsspot, der sich an junge Motorradfahrer wandte, wurde zum Beispiel vor der Ausstrahlung des Spots eine Zuschauerin namentlich aufgerufen. Der Manager des Kinos bat sie nach draußen, um ihr eine wichtige Mitteilung zu machen. Wie aus dem Dialog für alle Kinobesucher hervorging, musste er ihr offensichtlich die Nachricht vom tödlichen Unfall ihres Sohnes mitteilen. Der den Kinoboss spielende Schauspieler stellte anschließend das Ganze als Fiktion vor, die allerdings für viele Kinobesucher zur Realität geworden war. Danach folgte der eigentliche Spot auf der Leinwand.

Wirkung zu stark

Die sizilianische Firma Zabbara ließ in den Städten Berlin, Düsseldorf, Essen, Frankfurt am Main, Halle/Saale, Köln, München, Rostock und Stuttgart eine Werbeaktion auf der Straße durchführen. Ihre Werbeträger: Obdachlose, die in belebten Einkaufsstraßen mit einem Pappkarton mit der Aufschrift „Sie kennen das beste Olivenöl der Welt noch nicht? Aber ich! Zabbara.com" standen. Geplant war das als Einführungsaktion in Deutschland. Die Kampagne für das Edel-Olivenöl stieß bei den meisten Menschen auf Ablehnung und wurde fast durchgehend als Geschmacklosigkeit verdammt.

Der Eishersteller Ben & Jerrys griff bei einer Kampagne mit Obdachlosen ebenfalls voll daneben. Der gab vor, niederländischen Obdachlosen helfen zu wollen, indem er ihnen warme Anoraks spendierte. Die Rückseite der Winterjacken zierte ein großes Ben

& Jerrys Logo. Auch hier war die einhellige Meinung, der Konzern trage, wortwörtlich, seine Werbeideen auf dem Rücken der Ärmsten aus.

Auch die Idee von Milka, die Zugspitze in lila Licht zu tauchen, schlug fehl. Erstens ernteten sie den wütenden Protest von Natur- und Umweltschutzverbänden. Zweitens erregten sie damit sogar eine Landtagsdebatte. Ergebnis: Im bayerischen Landtag waren sich mal Vertreter aller Fraktionen einig: Eine reichlich blöde Idee. Die Politiker waren zwar nicht gefragt, aber brachten die Aktion gemeinsam mit der aufgebrachten Öffentlichkeit schnell ins Wanken. Milka musste trotz einer bereits erteilten Genehmigung auf die Proteste eingehen und ließ die Zugspitze dann hellweiß erleuchten. Von lila war keine Rede mehr. Und der für zwei Stunden angesetzte Event wurde auf 15 Minuten reduziert.

8.
Übers Zielen und Treffer landen: Erfolgskontrolle für Marketeaser

◆

In diesem Kapitel erfahren Sie unter anderem:

Dass Qualität mal wieder vor Quantität geht.
Dass Sie die meisten Marketingkennzahlen vergessen können.
Dass es nicht darauf ankommt den „längsten" (Powerpoint-Balken) zu haben.
Dass Sie ein gutes Gespräch nicht durch Automaten ersetzen können.
Dass Konsumenten mehr von Ihnen wollen als Sie vermutet haben.

Vom Datenwahn der Old School-Werber

Leute wollen alles quantifizieren. Wenn Sie heute jemanden fragen, ob er Erfolg hat, dann wird er zur Begründung seines „Ja" immer irgendwelche Zahlen hinterher schieben müssen. Wir haben uns daran gewöhnt Rekorde zu messen und glauben, dass Verkaufszahlen jedes Quartal nach oben gehen müssen. Unsere Besessenheit von Zahlenspielen hat uns so manchen Datenmüll beschert. Wir entdecken statistische Relationen zwischen der Sexhäufigkeit und der Mittelfingerlänge oder werden mit der bahnbrechenden Erkenntnis konfrontiert, dass unter Falschparkern die Zahl der DSL-Anschlüsse doppelt so hoch ist wie bei anderen Verkehrssündern.

Wenn Sie zu den Old School-Werbern gehören, dann kommen Sie ohne Zahlen nicht aus. In Ihrer Welt muss alles quantifizierbar sein. In der Businesswelt entscheiden Powerpointbalken nun mal, ob man ein Alpha- oder ein Betatierchen ist. Old School-Werber, die Marketingabteilungen angehören, lieben Zahlen ganz besonders. In farbigen, gerne auch dreidimensionalen Diagrammen führen sie vor, wie viele Kontakte sie mit ihrer Werbeaktion erreicht haben, zählen die Hits auf der Homepage oder freuen sich kindisch, wenn bei einem Preisausschreiben mit der 1-Million-Euro-Frage hunderttausend Leute eine Postkarte mit einem angekreuzten Kästchen zurückgesandt haben.

Powerpoint für Alphatierchen

Jeder will den längsten Balken haben. Was ist falsch daran? Jede Menge. Denn ein Old School-Werber ist dermaßen auf quantitative Messungen fixiert, dass er qualitative Aspekte nicht wahrnimmt. Was nicht quantifizierbar ist, gibt es nicht.

Über den Datenmüll im Allgemeinen und den Markendreiklang im Besonderen

Das Marketing hat jede Menge Datenmüll hervorgebracht. Das musste ich am eigenen Leib erfahren. Vor Jahren arbeitete ich für Deutschlands bekannteste Küchenmarke. Nicht nur vorübergehend, sondern für beinahe ein ganzes Jahrzehnt. Das gab mir Gelegenheit zu sehen, wie sich Verkaufszahlen, aber auch die Werte des so genannten Markendreiklangs, entwickelten. Markendreiklang – klingt gut. Er suggeriert, dass, wenn drei Werte (oder sollte man besser sagen Töne?) in Ordnung sind, die ganze Harmonie stimmt.

Markendreiklang, was bringt es?

Markendreiklang-Untersuchungen wurden und werden alle paar Jahre im Auftrag von Gruner + Jahr durchgeführt. Der Dreiklang besteht aus einer Untersuchung der Parameter Markenbekanntheit, Sympathie und Kaufbereitschaft. Dafür wurden mehrere tausend Bundesbürger befragt, ob sie eine Marke kennen, ob sie diese sympathisch finden und ob sie für den Kauf in Frage käme. Ob sie die Marke tatsächlich besitzen, wurde nicht gefragt. In den Berichtsbänden wurden diese Werte für eine Vielzahl von Marken veröffentlicht. Dabei zeigte sich erstaunlich häufig folgendes Bild: Der Markendreiklang war eine Tonleiter, die von oben nach unten gespielt wurde. Der höchste Wert war die Bekanntheit, der zweithöchste die Sympathie, und der kleinste – oft ein verschwindend kleiner Wert – war die Kaufbereitschaft. Eigentlich hätte das schon damals jeden Werbe- oder Markenbeauftragten stutzig machen müssen. Selbst Marken, die bei 80 % der Befragten bekannt waren, brachten es dann nur auf 10 % Kaufbereitschaft. Und das, obwohl nur gefragt wurde, ob diese Marke für einen Kauf in Frage käme.

Trotzdem waren wir immer zufrieden. Solange wir die Marke betreuten, entwickelten sich Bekanntheitsgrad, Sympathie und Kaufbereitschaft immer nach oben. Ein schöner Erfolgsbeweis für die Richtigkeit der Werbung, oder? Tatsächlich machte die Werbung immer mehr Menschen auf diese Marke aufmerksam und sie tat dies auf so überzeugende Weise, dass die Marke sympathisch war und für einen Kauf in Frage kam. Marktforscher nannten das den „Relevant Set". Wer als Marke auf sich hielt, müsse irgendwo in diesem Relevant Set der Produkte, die für den Kauf in Frage kamen, verankert sein.

Erfolgsbeweis der Werbung

Sympathie aber kein Kauf

Doch während wir uns freuten, gingen die Verkaufszahlen nach unten. Eine Steigerung des Markendreiklangs bedeutete allenfalls, dass die Werbung für sich funktionierte. Aber auf den Verkauf hatte sie keinen Einfluss. Warum sackten die Verkaufszahlen ab? Weil die Marke inzwischen zwei No-Name-Produkte auf den Markt gebracht hatte, die anfangs nur preiswerter, später sogar von ihren Produktqualitäten her attraktiver waren. Die Produkte ermöglichten dem Vertriebspartner vom Fachhandel ihren Kunden die bessere Alternative anzubieten: Stammt aus demselben Haus, ist aber billiger, weil kein Markenname draufsteht. Die Marke begann sich selbst aufzufressen. Aber der Markendreiklang war in Ordnung.

Fertilizer und Tranquilizer

Das Marketing ist voll von Zahlen, die die Illusion einer Wichtigkeit erwecken – aber getrost vernachlässigt werden können. Bei der einen Gruppe des Zahlenmülls – ich nenne sie mal Fertilizer – geht es einzig und allein darum, die Wirksamkeit eines bestimmten Werbeträgers, einer Maßnahme oder eines Mediums nachzuweisen. Fertilizer deshalb, weil der Anbieter eines solchen Werbeträgers damit sein Geschäft befruchten möchte. Er muss schließlich nachweisen, dass eine Werbeschaltung in seinem Magazin oder auf seiner Plakatwand einen Erfolg bringt. Da indes Werbeträgeranbietern der Nachweis von Verkaufszahlen nicht gelingt, beschränken sie sich darauf, fadenscheinige Parameter auszuhecken. „Opportunity to see" ist so einer. Er beschreibt die bloße Möglichkeit – oder auch die statistische Wahrscheinlichkeit dafür –, dass eine bestimmte Werbung möglicherweise gesehen wird. Hallo! Ich schrieb: gesehen! Nicht: wahrgenommen. Für einen Sichtkontakt zu einem Plakat reicht es, wenn Sie im Bus vorbeigefahren sind und dabei in die Zeitung vertieft waren. Sie hätten ja den Kopf heben und dabei das Plakat sehen können.

Sehen versus Wahrnehmen

Die andere große Gruppe des anfallenden Datenmülls sind die Tranquilizer. Sie dienen einzig und allein dem Zweck, in Werbeagenturen und -abteilungen, bei Marketingberatern oder Produktmanagern das beruhigende Gefühl auszulösen, etwas getan zu haben. Sie tarnen sich in Worten wie Reichweite, wahlweise als Brutto- und Nettoreichweite, beherrschen als Quote die Programmplaner, sind die Basis aller Mediapläne, und manchmal werden sogar Befragungen veranstaltet, um diese Junk-Statistiken durch so segensreiche Placebos wie den schon erwähnten Markendreiklang zu erweitern. Sie erwecken die Illusion einer Planbarkeit und Voraussagbarkeit des Erfolges von Werbemaßnahmen. Daneben machen sie jede Menge Arbeit. Erfolgsunternehmen wie Aldi haben übrigens auf die Erhebung solcher sinnloser Statistiken vollständig verzichtet.

Die allgegenwärtige Aufmerksamkeitsfalle

Old School-Werber sind fixiert darauf, Aufmerksamkeit zu erregen. Erst dann ist ihr Job getan und sie gehen in den Feierabend.

In Wahrheit hat durch die Erregung von Aufmerksamkeit der Job gerade erst begonnen. Die Aufmerksamkeitsfetischisten unter den Werbern ähneln einem Maurer, der nach Hause geht, sobald der Mörtel angerührt ist, aber nicht daran denkt, die Steine zum Hausbau aufeinander zu setzen.

Warum diese Fixierung auf Aufmerksamkeit? Weil sie die Vorbedingung für das Übermitteln der Werbebotschaft ist. Aber Aufmerksamkeit garantiert in keinem Fall dass die Werbung ankommt. Ich könnte dutzende von Beispielen aufzählen, in denen gerade Kampagnen, die besonders viel Aufmerksamkeit erregt haben, besonders wirkungslos waren. Weil sie zwar von sehr vielen Leuten bemerkt wurden, allerdings hat es dann nicht mehr dafür gereicht, sich den Urheber der Werbung, die dahinter stehende Firma oder das beworbene Produkt, zu merken.

Der Hamburger Psychologe und Marktforscher Dr. Scheier hat hunderte von Untersuchungen zur Wahrnehmung von Anzeigen oder auch Webseiten durchgeführt. Besonders die uralte These „Sex sells" hat er damit widerlegt. „Sex vernichtet Werbegelder" müsste es wohl eher heißen. Denn Männer können sich beim Anblick einer wenig bekleideten Frau auf nichts anderes mehr konzentrieren. Auf Werbelogos und Markennamen schon gar nicht. Frauen dagegen werden von nackten Tatsachen nicht mal angezogen, sondern eher abgestoßen.

Sex vernichtet Werbegelder

Trotzdem. Von ihrem Dogma „Aufmerksamkeitswert" rücken die Old School-Werber nur ungern ab. Der Ex-Greenpeace Chef Peter Metzinger, der heute Unternehmen bei der Anwendung neuer Kampagnenmethoden berät, hat in seinem Buch „Business Campaigning" ein gutes Beispiel aus der Schweizer Werbewoche veröffentlicht, das zeigt, wie Old School-Werber bloße Aufmerksamkeitswerte feiern, obwohl sie im gleichem Atemzug zugeben müssen, dass niemand den Urheber der Werbung benennen konnte.

„APG verbucht Aufschwung-Kampagne als Erfolg
Mit der Plakatkampagne ‚Aufschwung ist ...' haben die Allgemeine Plakatgesellschaft (APG) und Publicis einen Hit gelandet. Das legen jedenfalls die Zahlen nahe, welche die Kampagne im Poster Performance Index (PPI) der APG erreicht hat. Bei der Umfrage unter 302 Personen in der Test-Agglomeration Lausanne konnten sich 74 Prozent an die pastellfarbenen Plakate mit den Cartoonmännchen und -weibchen erinnern, und 65 Prozent fanden Gefallen an der Kampagne. Damit liegt

sie deutlich über dem Durchschnitt der ca. 200 Kampagnen, die bisher im PPI erhoben wurden (49 Prozent bei der Erinnerung und 59 Prozent beim Gefallen). Schwach war hingegen die Markenzuordnung: Nur 29 Prozent konnten den Auftraggeber (das Komitee für den Aufschwung oder einfach ‚Aufschwung') spontan nennen, der Durchschnitt liegt bei 61 Prozent. Nicht geklärt bleibt, ob sich die Betrachter auch tatsächlich zu erhöhtem Konsum verlocken ließen."
(Quelle: http://www.aufschwung-ist.ch)

Marketease

- **Die einzige Zahl, die dem Marketeaser das richtige Feedback über den Erfolg seiner Maßnahmen liefert, ist die Verkaufszahl.**

Und damit könnte das Kapitel doch zu Ende sein. Denn es ist völlig uninteressant, ob eine Werbemaßnahme im Laborversuch, bei Umfragen oder in anderen Testreihen irgendwelche Aufmerksamkeits- oder Sympathiewerte erreicht oder ein TV-Spot im Kinosaal Lacher erntet. Die Frage ist einzig und allein, ob eine Werbemaßnahme verkaufen hilft oder nicht.

Erfolgsmessung auf Marketeaser-Art

Trotzdem kann ein Marketeaser mehr untersuchen als bloße Verkaufszahlen. Denn auf dem Weg zum Verkaufsabschluss wirken vielleicht viele kleine Maßnahmen und leisten ihren Beitrag zum Erfolg. Es sind sichtbare Ausdrücke des Kundenverhaltens, die einem Marketeaser zeigen, ob er mit der Art und Weise wie er nach außen kommuniziert erfolgreich ist oder nicht.

Wer wissen will, ob Werbung wirkt, darf sich ausschließlich mit dem Kundenverhalten beschäftigen. Während sich die Old School-Werbung darauf beschränkt Werbebotschaften herzustellen und vor den Empfängern abzustellen, geben sich die Marketeaser nur mit Werbemaßnahmen zufrieden, die sichtbare Reaktionen beim Empfänger auslösen. Der zugrunde liegende Werbeansatz geht also über die Gewinnung der Aufmerksamkeit weit hinaus. Marketeaser wollen wissen, ob ihre Botschaft ankommt, wie sie ankommt und was die Empfänger daraus machen. Die Methodik dies herauszufinden, ist so simpel wie preiswert und so eindeutig wie nur irgendetwas. Da, wo Konsumenten keine Reaktionen zeigen, hat die Werbung auch nichts bewirkt.

Sie brauchen dazu keine Konsumentenbefragungen, keine Akzeptanztests oder Messungen von Wahrnehmungswerten. Für sie zählen nur die sichtbaren Ergebnisse des Kundenverhaltens, nämlich die, die auch beim Unternehmen ankommen.

Reagiert überhaupt jemand?

Die erste Frage, die sich jeder Marketeaser stellen muss, sobald er eine Werbemaßnahme ergreift, ist die: Reagiert jemand darauf? Egal, welche Art von Werbung es ist: Wenn sie nicht zu Feedback auffordert, werden Sie kaum Reaktionen ernten können.

Reaktion ist aber die schwächste Form des Austausches. Ein Konsument, der lediglich reagiert, ist mit seinem passiven Verhalten noch nicht wirklich zum aktiven Kommunikationspartner geworden. Ein solches Reizreaktionsschema, das beispielsweise zu Gewinnspielen auffordert oder Messeteilnehmer auf den Stand locken will, weil sie dort einen Plastikschlüsselanhänger oder Kugelschreiber geschenkt bekommen, ähnelt dieser Art von Verhaltensreflex, den der Arzt auslöst, wenn er einem Patienten mit dem Hämmerchen aufs Knie haut. Nicht mehr, nicht weniger. Einfache Reaktionsmechanismen der Konsumenten sind: das Rücksenden einer Antwortkarte, die Teilnahme an einem Preisausschreiben, der Eintrag in eine Mailing- oder Newsletterliste.

Hämmerchen aufs Knie

Trotzdem: Die Stimulation von Reaktionen ist allerdings wichtig, wenn eine Beziehung zu dem Konsumenten erst angebahnt werden muss. Sie ist erforderlich, um den Einzelnen aus der vorher passiven Menge zu einer ersten Aktivität zu veranlassen.

Old School-Werber und Marketeaser provozieren Reaktionen aus unterschiedlichen Gründen. Während es für den Marketeaser der erste Schritt zu einem aufzubauenden Dialog sein soll, betrachten Old School-Werber die meisten dieser Kundenreaktionen als umfassende Erlaubnis, eine Datensammlung über den Kunden anzulegen und ihn fortan mit Werbebotschaften zu bombardieren. Manche meinen sogar, die einmal gewonnenen Daten könnten beliebig weiterverwässert werden. Wenn heute das Versandhaus Quelle mal wieder verkündet, dass es 50 luxusausgestattete Smart zum Preis von 1.990 Euro pro Fahrzeug inklusive Fertiggarage, Vollkasko-Versicherung für ein Jahr und einer Tankfüllung anbieten will, dann dient dass, neben der kurzfristig erzielten Aufmerksamkeit durch die Medien, vor allem der Gewinnung von Adressmaterial, das künftig mit Angeboten des Versandhauses beschickt werden kann. Oder glauben Sie, dass das Versandhaus mit den 5,5 Millionen Interessenten, die das Fahrzeug erwerben wollten, beabsichtigt einen intensiven Dialog zu führen?

◆ **Marketeaser-Check für Konsumentenaktivität:**

- Werden meine Informationsangebote genutzt?
  (Wie viele Produktanfragen erhalte ich?
  Wie viele Anfragen für Angebote gibt es?)
- Wird auf mich gelinkt?
- Bin ich Bestandteil von Gesprächen/Diskussionen?
- Was wird über mich gesprochen?
- Was wird über mich berichtet?
- Werde ich weiterempfohlen?

Wo stecken die aktiven Konsumenten?

Vermutlich beschäftigen sich bislang die wenigsten Werber mit den Konsumenten, die ungefragt und ohne erkennbaren Zusammenhang mit einer bestimmten Werbemaßnahme sich aktiv an ein Unternehmen wenden. Ja, solche Konsumenten, die Kunden werden wollen, gibt es tatsächlich. Sie rufen an, betreten den Laden oder besuchen eine Website. Woher kommen diese Leute? Was hat sie veranlasst bei Ihnen hereinzuschauen? Finden Sie es heraus!

Dabei ist diese eine besonders interessante Gruppe – es sind diejenigen, die den Weg zum Unternehmen gefunden haben, weil sie durch die Empfehlung eines anderen kommen, weil sie den Namen oder die Webadresse eines Unternehmens gespeichert haben – ohne zu wissen woher sie die Marke kennen. Oder sie wurden von einer Suchmaschine geschickt. Aus der Sicht des werbetreibenden Unternehmens haben sie alle eines gemeinsam: Ihre Kontaktaufnahme mit dem Unternehmen wurde nicht vom Unternehmen selbst, sondern durch die Eigeninitiative des Konsumenten veranlasst.

Dabei gibt es verschiedene Aktivitätsgrade beim Kunden:

- Besuch der Website,
- Beitrag als Kommentar,
- Beitrag in einem Forum,
- Download kostenloser Informationsangebote auf Ihrer Website,
- Anforderung von Prospektmaterial,

- Nutzung elektronischer Spiele,
- Anruf beim Unternehmen,
- Besuch im Ladenlokal,
- Empfehlung des Unternehmens,
- Aktiver Einsatz für das Unternehmen.

Alles was Sie wissen müssen, erfahren Sie im Gespräch

Marketeaser wollen den intensiven Kontakt mit dem Kunden, den Austausch von Erfahrungen, Ideen, Kritik oder Wertschätzung! In einem Kommunikationsmodell, in dem der Konsument nicht als bloßer Nachrichtenempfänger fungiert, wird das gemeinsame Agieren ungemein wichtig.

Die Chance, alles was Sie wissen müssen in Erfahrung zu bringen, haben Sie beim Verkaufs- oder Beratungsgespräch, beim Telefonat, das Ihr Servicemann führt oder dann, wenn Sie dem Kunden den lang erwarteten Monteur ins Haus senden. Solche hautnahen Erlebnisse sind dem Konsumenten weitaus wichtiger als die Inhalte von Werbespots. Es sind persönliche Erfahrungen und über die lässt sich bei weitem mehr berichten als über Marketingaussagen, die das Unternehmen auf Papier gedruckt hat.

Hautnahe Erlebnisse

Dummerweise setzen viele Unternehmen die Unternehmensidentität mit dem Design von Geschäftsräumen, Briefbögen oder der Lkw-Flotte gleich. Erlebte Unternehmensidentität wirkt stärker. Vielleicht spüren die meisten Unternehmen instinktiv, dass sie auf viele interaktive Prozesse mit dem Kunden nicht genügend ausgerichtet sind. Versuchen Sie mal bei einem der großen Unternehmen in Deutschland anzurufen und ein einfaches Anliegen vorzutragen. Sie werden abgewimmelt. Sie werden zwischen Frankfurt, München und Berlin dreimal verbunden. Weil niemand mehr weiß, wer für Sie zuständig sein könnte. Alle sind derart mit dem Verkauf beschäftigt, dass sie die Kommunikation mit bestehenden Kunden vernachlässigen. Haben Sie eine Frage zum Produkt – die FAQ-Seiten auf der Website müssen ausreichen. Je größer die Unternehmer, desto mehr werden sie zu Kommunikationsautisten, die sich von der Außenwelt abschotten.

Als Marketeaser brauchen Sie die Interaktion mit dem Kunden. Denn Sie können von ihm jede Menge erfahren.

Unter anderem erfahren Sie, wofür er Ihre Produkte wirklich einsetzt oder was er daran verbessern würde. Wenn Ihr Kunde soweit ist, dass er mit Ihnen in Interaktion treten will, hat er räumliche oder zeitliche Distanz ebenso aufgegeben wie die persönliche Distanz.

Verkaufsgespräche als häufigste Interaktionsform sind sowohl in der realen Welt als auch virtuell möglich. Seltsamerweise wollen die meisten Unternehmen heute diese intensivste Art des Austauschs mit Kunden oder Interessenten verhindern. Während früher eine Bankmitarbeiterin noch in der Lage war, einem älteren Kunden beim Ausfüllen seines Überweisungsformulars behilflich zu sein, werden heute Kunden schon vor dem Betreten der eigentlichen Geschäftsräume abgefangen. Der Bereich, der bis vor wenigen Jahren noch der Interaktion gewidmet war, wird heute durch einen Automaten abgedeckt, der dumm ist wie Bohnenstroh und daher nur einen einzigen Service beherrscht: Geld ausspucken, Kontoauszüge drucken oder Überweisungen entgegennehmen.

Aber das Verkaufsgespräch ist nicht die einzige intensive Interaktionsform. Ein Unternehmen, das tatsächlich mit seinen Kunden vernetzt ist, wird diese schon zu einem sehr frühen Zeitpunkt einbeziehen wollen. Es wird aus dem Dialog mit den Kunden wertvolle Impulse erhalten, die es in der Entwicklung neuer Produkte umsetzen kann. Zu ahnen, zu spüren und umsetzen zu können, was Kunden wollen, setzt voraus, dass Unternehmen in Zukunft nicht nur die einseitige Ansprache beherrschen oder den wirklichen Dialog. Es braucht vor allem Marketeaser, die zuhören können. Und aus dem Gehörten die richtigen Schlüsse ziehen.

Dialog gibt Impulse

Gespräche in Blogs beobachten

Unternehmen, die Kundengespräche in Blogs aufmerksam verfolgen, gewinnen wichtige Erkenntnisse für ihre Produktangebote oder ihr Verhalten Kunden gegenüber. Die amerikanische Mobilfunkfirma Cellphone entdeckte, dass Kids nichts so sehr fürchten, wie ihr Zeitlimit an Handytelefonaten zu überschreiten und dann auch eingehende Anrufe nicht mehr annehmen zu können. Daraufhin boten sie einen neuen Tarif an, der den Kids diese Sorge nahm. Eingehende Anrufe werden bei diesem Tarif unbegrenzt zugestellt. Die Kids bleiben also für ihre Freunde erreichbar.

Für einen japanischen Autobauer war ebenfalls die Beobachtung von Online-Postings von großem Nutzen. Dass Kids und Teenies beim Autokauf tatsächlich großen Einfluss auf ihre Eltern ausüben, war ja bekannt. Aber welche Autotypen lieben die Kids? Kids lieben Minivans – aber sobald sie älter werden, halten sie diese für Kinderfahrzeuge. Teens stehen auf die sportlicheren und geländegängigen SUV wie den BMW Z3 oder die Mercedes G-Klasse. Die Erkenntnis war simpel, aber mit weit reichenden Folgen: Der Autohersteller ist bislang davon ausgegangen einer Familie, die einen Minivan fährt, auch wieder einen Minivan anzupreisen. Jetzt war klar, dass man Minivan-Fahrer besser auf den SUV aufmerksam machen sollte.

Erheben Sie so wenige Daten wie möglich

Marketeaser sind generell mit der Erhebung von Daten sehr sparsam. Wenige aussagekräftige Daten müssen genügen, um sich einen schnellen und preiswerten Zugang zu den gewünschten Informationen zu beschaffen. Daten, deren Erhebung zu aufwändig, ihre Interpretation unklar ist, lassen Sie einfach weg.

Daten rauben Zeit

Als Marketeaser muss Ihnen bewusst sein, dass Daten erstellt, visualisiert, verbalisiert, interpretiert und diskutiert werden müssen. Ein zeitraubendes Verfahren, das man sich sparen sollte.

Daten erzeugen immer neue Daten. Die Kommunikationsautisten rücken ihnen inzwischen mit Datamining-Programmen zu Leibe. Weil sie lieber am Schreibtisch sitzen bleiben und ein paar Knöpfe drücken, damit Softwareprogramme nach Auffälligkeiten im Kundenverhalten suchen, anstatt das Büro zu verlassen und ein Gespräch mit dem Kunden zu führen. Stecken Sie die Energie lieber in die Kommunikation mit Ihren Kunden.

Marketease

- **Ein intensives Gespräch ist jeder Datensammelei überlegen.**

9.
Die Zukunft der Marketeaser

◆

In diesem Kapitel erfahren Sie unter anderem:

Dass Werbeinseln allmählich untergehen.
Dass TV- und Radioprogramme Schnee von gestern sind.
Dass wir ohne RSS-Feeds gar nichts mehr blicken.
Dass Werbebotschaften gefälscht sein können.
Dass die Marketingkommunikation von den Fans übernommen wird.

Fünf Trends, mit denen Sie rechnen müssen

Werden die Thesen dieses Buches in ein paar Jahren vielleicht wieder durch die alten Lehrmeinungen ersetzt? Werden die klassischen Medien eine neue Blüte erleben? Wohl kaum. Dafür sind die Veränderungen, die sich bereits jetzt abzeichnen, zu überdeutlich. Sie stellen den, der sich nicht rasch genug umstellt, vor riesige Probleme. Denn wer die klassischen Wege weiterverfolgt, wird immer mehr Budget verbrauchen, bis er einsehen muss, dass auch die dicksten Werbeetats nicht mehr ausreichen, zum Herz des umworbenen Verbrauchers durchzudringen.

Je schneller Sie Marketeaser werden, desto besser! Denn das kommt auf Sie zu:

- Werbeinseln verschwinden aus Ihrem Leben.
- Massenmedien verdienen es nicht so genannt zu werden.
- Die Aufmerksamkeit gewinnen die Bürgermedien.
- Fans und Feinde formulieren die Werbebotschaften selbst.
- Ohne Beziehung kommt keine Botschaft mehr an.

Werbeinseln verschwinden aus Ihrem Leben

Und dafür sorgt, neben dem seit Jahren zunehmendem Desinteresse der Zuschauer, auch ein neues Hardwareprodukt: der digitale Videorekorder. Er ermöglicht zeitversetztes Fernsehen und erlaubt es, Programme ohne die lästigen Werbeunterbrechungen anzusehen. Das bedeutet, dass nun jeder sein eigener Programmdirektor sein kann – unabhängig vom Programmschema der TV-Anstalt und deren Vorgaben, wann denn nun gefälligst was zu sehen sein soll. „Wetten dass" am Montag? Vierschanzentournee im Sommer? Alles möglich!

Ein neues Sehverhalten

TV-Werbung erreicht diese Haushalte dann nicht mehr. Digitale Videorekorder können mehr. Zum Beispiel Informationen über das Sehverhalten der Nutzer sammeln und dann Vorschläge machen, Programmzeitschrift überflüssig. Die Frage lautet nicht mehr: „Was läuft heute?", sondern: „Was hat mein Rekorder für mich ausgesucht?"

Old School-Werber lechzen heute schon nach den Analysen des Sehverhaltens. Weil sie meinen, man könne dann dem Kunden, über den man so viel weiß, auch die Werbung präsentieren, die er tatsächlich sehen möchte. Sie halten also am Prinzip der nervenden Unterbrecherwerbung fest, vermuten aber dennoch beim Zuschauer willkommen zu sein. Das wird nicht passieren. Schon bald werden sie als TV-Spammer entlarvt werden. Ein paar Zeilen Programmcode – ein TV-Spamfilter –, der im Internet kostenlos greifbar sein wird, wird genügen, ihnen den Garaus zu machen.

Vorsicht TV-Spammer

Vom Mainstream zu My Stream.
Das Radio, das nur noch Ihre Lieblingstitel spielt

Vielleicht sehen dann Radio- und TV-Sender irgendwann mal wie Last.FM aus. Was ist Last.FM? Ein persönlicher Online-Radiosender, der nur die Musik spielt, die man selbst am liebsten hören möchte. Dazu wählt man einfach ein paar Lieblingskünstler aus und legt sich ein Nutzerprofil an. Von nun an spielt Last.FM nur noch Ihre Lieblingsmusik, rund um die Uhr. Wollen Sie Leute mit ähnlichem Musikgeschmack kennen lernen? Dazu benutzt Last.FM eine Vorschlagsfunktion, die wir schon von Amazon kennen. Sie stellt Nutzer mit ähnlichen Interessen vor – so wie bei Amazon zu jedem Buch ähnliche Titel präsentiert werden. Und das System lernt von den Hörgewohnheiten und empfiehlt immer passendere Ergebnisse. Während ein Titel läuft, kann er gewählt, abgelehnt oder übersprungen werden.

Wer will, veröffentlicht seine eigene Radiostation auf seiner eigenen Website. Die spielt dann 24 Stunden lang die Lieblingsmusik des Website-Besitzers.

> „Und nun viel Spaß beim Radio hören auf *Last.FM;* ohne Werbung, Gewinnspiele, Verkehrshinweise und den im Äther versammelten akustischen Ärgernissen des deutschen musikalischen Mainstreams. Last. FM ist die Rückeroberung der Idee Radio durch die Hörer!" *(Ralf Graf, Webdesigner)*

Massenmedien verdienen es nicht so genannt zu werden

Fernsehsendungen, die ein Millionenpublikum erreichen? Magazine, die man gelesen haben muss? Können Sie in Zukunft vergessen! Die Zukunft steckt voller unzählbarer Medien, die rund um die Uhr auf uns einprasseln – wenn wir von ihnen Gebrauch machen

Das Medienangebot wächst

wollen. Das Informations- und Medienangebot kommt uns bereits heute unendlich vor. Aber es wird unaufhaltsam weiterwachsen. Die Nutzer, egal, ob passive Zuhörer, Leser, Zuschauer oder aktive Mitgestalter, schenken ihre Aufmerksamkeit mal diesem oder jenem Medium. Dass sie alle, wie einst in den 60er-Jahren, vor Edgar Wallace-Filmen gebannt vor dem Fernseher sitzen, werden wir kaum noch erleben. Das Etikett „Massenmedium“ wird sich kaum mehr ein Medium an die Brust heften können. Es sei denn für die vorübergehende Dauer weniger Tage. Dann, wenn Fußball-Weltmeisterschaften, Olympische Spiele oder ein anderes globales Ereignis irgendwo exklusiv zu sehen sein werden.

TV bis zum Abwinken, aber kein Programm mehr

Vor allem das Medium TV schaufelt sich das eigene Grab. Denn TV-Sender werden – obwohl sie niemand braucht – wie Pilze aus dem Boden schießen. Das digitale Kabelfernsehen ermöglicht es, auf einer Frequenz neun Programme anstatt – wie bisher – eines einzigen unterzubringen. Wer bei seinem Kabelanbieter von analog auf digital umsteigt, kann also über 150 Programme empfangen.

Aber TV-Formate werden zukünftig auch übers Internet verteilt. Beliebte TV-Serien wie „ Stromberg“ oder „Pimp My Ride“ sind begehrte Dateien in der illegalen Download-Szene. Sie leben dort scheinbar ein langes Leben nach dem Sendezeitpunkt. Die ersten TV-Sender, die dies erkennen, werden dann beginnen, sich von der Struktur eines TV-Programms, das in Sendeschemata aufgeteilt ist, zu lösen. Ausstrahlungszeitpunkte verlieren ihre Bedeutung bei allen Sendungen, die keinen sofortigen Aktualitätsbezug brauchen. Programmabläufe und Sendeschemata wie wir sie heute kennen, werden in wenigen Jahren überflüssig sein. Das wird aber andererseits bedeuten: TV-Sendungen werden wohl nicht mehr einmalig ausgestrahlt, sondern bleiben permanent verfügbar. TV-Produktionen lassen sich durch Google (oder wie die Suchmaschine der Zukunft auch heißen mag) finden – auch Jahre später. Dabei wird es sowohl kostenpflichtige als auch kostenlose Möglichkeiten geben diese TV-Produktionen zu genießen. Wer dann „Dinner for One“ sehen will, muss nicht bis zum nächsten Silvesterabend warten. Programmpolitik, wann was ausgestrahlt werden soll, gibt es nicht. Vielleicht stecken in diesem Langzeit- oder gar Allzeitangebot auch Erlösquellen für die Produzenten digitaler TV-Inhalte.

Die Aufmerksamkeit gewinnen die Bürgermedien

Blogs werden als Quelle von Informationen immer wichtiger – das spricht sich bis zum letzten Internetnutzer herum. Während der Ausschreitungen im Sommer 2009 im Iran waren Blogger wegen der offiziellen Nachrichtensperre sogar am dichtesten dran. Als Augenzeugen lieferten sie persönliche Eindrücke. Blogs ermöglichen es, Betroffenen ihre Erlebnisse sofort mitzuteilen, ohne die üblichen mehrstufigen Bearbeitungsvorgänge des klassischen Journalisten. Als Medien, die aus erster Hand kommen, genießen sie einen hohen Glaubwürdigkeitsfaktor. Gesucht werden in Blogs aber auch Berichte über die Qualität von Produkten, Dienstleistungen, Erlebnissen. Und die Suchmaschinen sorgen dafür, dass diese Berichte auch gefunden werden.

Jeder sein eigener Medienhersteller

Blogs werden selbstverständlich auch immer attraktiver, indem sie Inhalte nicht nur über Text und Bild vermitteln. Blogger haben sich längst aufgemacht, die Medienformate Audio und Video in ihre Berichte zu integrieren. „Podcasting" ermöglicht es jedem, der einen Rechner mit Soundkarte besitzt und ein Mikrofon zum Aufnehmen, Audiobeiträge zu produzieren, zu einer Show zusammenzubauen und dann auszustrahlen. Manche Podcaster imitieren komplette Radioshows, andere machen Interviews oder stellen mitgeschnittene Vorträge ins Netz. Der Audiopodcast verlängert die Reichweite von Inhalten enorm – denn die MP3-Files sind vom PC unabhängig und lassen sich auf mobilen MP3-Playern ebenso wiedergeben wie im Autoradio mit CD-Schacht oder in einem MultiMediaCard-Lesegerät.

Ich bin Regisseur

Das Gleiche gilt für den Umgang mit Video. Immer mehr Menschen werden beginnen, auch Videos zu bloggen. Darunter sind nicht nur die, die das erste Mal einen Urlaubsfilm schneiden und die Leute, die ihre selbst gedrehten Pornos ins Netz stellen. Darunter werden auch viele sein, die in professioneller Aufnahme- und Schnitttechnik geschult sind und unabhängig von herkömmlichen Sendern beginnen werden, ihre Arbeiten selbst zu publizieren. Daraus entwickeln sich nicht nur Hobbys, sondern auch ernsthafte Geschäftsmodelle. Auf Video-Rezensionen von Kunden sind Unternehmen bereits heute schon scharf, in Zukunft werden sie immer wichtiger.

Kommentare auf Schritt und Tritt

Dabei sind Blogs vermutlich noch nicht mal das mächtigste Werkzeug der Veränderung. Anwendungen wie Google Maps werden die Bedeutung der Bürgermedien weitaus stärker beeinflussen. Anhand der Google Maps ist es möglich, Landkarten, Stadtpläne oder auch Satellitenaufnahmen mit Kommentaren zu versehen. Im Klartext: Jeder Ort auf dem Planeten wird irgendwann mit Anmerkungen versehen sein. Und jeder kann das tun: Wenn Sie möchten, führen Sie die ganze Welt zu Ihrem Lieblingsitaliener, warnen vor der Imbissbude an der Ecke oder zeigen ihr die romantischsten Stellen im Wald, dort, wo Sie Ihre Frau im letzten Sommer geküsst haben. In Australien gibt es bereits erste Projekte, die es auf diese Weise ermöglichen, Touristen die Stadt zu erklären. Und gedruckte Reiseführer können Sie auch bald wegwerfen. Ein Handy genügt, und jedes Haus, jeder Fluss, jeder Berg kann Ihnen auf Anhieb seine Geschichte erzählen.

Wikitude, wo bin ich?

Wikitude und ähnliche Programme für das Handy ermöglichen es kinderleicht, eigene Informationen zu jedem Platz auf der Weltkarte hinzufügen. Sie zeigen dann bei einem Blick durch den Kamerasucher Informationen zu Städten, Häusern, Bergen oder Einkaufstipps an. Mit der Applikation „Cardiotrainer“ verfolgt mein Handy jetzt immer meine Laufstrecken auf Schritt und Tritt. Es zeichnet die Strecke in die Google Maps ein und veröffentlicht sie im Internet. Gleichzeitig werden ich und andere über meine Laufgeschwindigkeit, das Streckenprofil und andere Details informiert. Sogar Wettrennen sind dann möglich – ohne zeitgleich gegeneinander anzutreten.

Mit einem Barcodescanner im Handy sind Preisvergleiche noch vor dem Supermarktregal möglich – das verschafft den Verbrauchern, aber auch den Herstellern oder Händlern eine Preistransparenz, die um den ganzen Globus reicht.

Fans und Feinde formulieren die Werbebotschaften selbst

Die Chance für Fans und Feinde Ihres Unternehmens, auch auf die Werbebotschaften Einfluss zu nehmen oder gar die Werbung selbst in die Hand zu nehmen, werden sich diese nicht entgehen lassen. Kreative unter Ihren Kunden werden die klassischen Werbeformen imitieren und Spots für Sie produzieren. Wird Ihnen jetzt ungemütlich? Weil Sie die Inhalte dieser Spots nicht kontrollieren können?

Entspannen Sie sich. Das Schlimmste kommt erst noch: In einer Welt, in der jeder Botschaften publizieren, imitieren und verändern kann, wird es bald unmöglich sein, die wahren Urheber von Werbemaßnahmen zu entdecken. Und genau dies stellt eine der größten Herausforderungen für Ihre Unternehmenskommunikation dar. Untersuchungen zeigen, dass ein zufriedener Kunde seine positive Erfahrung durchschnittlich drei Mal an andere weitergibt. Ein unzufriedener Kunde ist aber redseliger. Er gibt seine schlechte Erfahrung rund elf Mal weiter. Aber nicht jeder, der sich künftig negativ über seine Erfahrungen mit Ihrem Unternehmen äußert, tut dies aus persönlicher Betroffenheit. Ein guter Teil der negativen Mundpropaganda wird von Wettbewerbern initiiert. Im Kommunikationszeitalter richtet eine gefälschte Botschaft womöglich weitaus mehr Schaden an als ein gefälschtes Logo auf einem T-Shirt. Gefälschte Werbebotschaften werden zur schmutzigen Waffe; für diejenigen, die Werbung als Krieg um die Aufmerksamkeit verstehen.

Urheber unbekannt

Vielleicht kennen Sie diesen TV-Spot, der 2006 im Internet die Runde machte. Ein professionell gemachter Spot, der für den VW Polo werben sollte. Darin fuhr ein offensichtlich arabischer Mann das Auto in eine belebte Einkaufsstraße und zündete eine Autobombe. Allerdings flog der Polo nicht in die Luft. Die Bombe explodierte im Innern. „Small, but tough", hieß der Claim zu diesem Spot, dessen Urheberschaft nie befriedigend geklärt wurde. Stammte er von VW selbst, von seiner Werbeagentur? War es das Werk einer Agentur, die auf sich aufmerksam machen wollte? Wurde der Spot von Konkurrenten in Auftrag gegeben, um der Marke VW Polo zu schaden? Es reicht nicht mehr aus, TV-Spots mit einem Logo zu markieren. Die alten Markierungen haben ausgedient. Sie sind jederzeit zu kopieren oder zu fälschen.

Solche Kommunikationspannen können aber nur dann passieren, wenn der Kommunikationsvorgang anonym stattfindet. Wenn der Kommunikation keine Beziehung vorausgeht. Old School-Werber, die die alte A.I.D.A-Formel nicht um den Faktor „Connection" erweitert haben, sind davon betroffen. Marketeaser nicht.

Ohne Beziehung kommt keine Botschaft mehr an

Haben Sie die Chance, in einer solchen Zukunft noch herauszufinden, wo Sie Werbebotschaften platzieren, um die richtigen Menschen zu erreichen? Können Sie Kampagnen durchführen, die innerhalb bestimmter Zeiträume gestartet und platziert werden sollen? Vermutlich nicht. Vermutlich werden Sie sich daran gewöhnen müssen, dass Sie Botschaften aussetzen und diese ihren Weg selber finden müssen.

Treue Kunden, Fans Ihrer Produkte werden Ihnen den Weg zu neuen Kunden weisen. Sie werden dabei Ihren Botschaften den Mehrwert hinzufügen. Das heißt sie verändern, an den Empfänger anpassen, mit persönlichen Bemerkungen versehen. Und dabei wird Ihre Kommunikation immer besser. Sie wird wirkungsvoller, wenn Sie sie Ihren Kunden überlassen. Weil es niemanden gibt, der Ihnen ein Publikum verkaufen kann, müssen Sie es sich selber schaffen.

Mundpropaganda fand früher ausschließlich im persönlichen Gespräch statt – im Zeitalter der Bürgermedien werden diese Gespräche, Empfehlungen, Kommentare oder Kritiken allerdings mit einer schier unendlichen Lebensdauer ausgestattet. Sie bleiben im Web gespeichert und sind durch immer neue Zugangsmöglichkeiten abrufbar. Die Fülle der Kundengespräche wird dann schon bald die vom Unternehmen initiierten Werbebotschaften überlagern. Und: Die schiere Menge wird auch eine mit Millionen Aufwand erstellte Kampagne an die Wand drücken. Große Unternehmen wie Microsoft oder IBM versuchen ihre Mitarbeiter dazu zu bringen, sich an den Gesprächen zu beteiligen. So forderte IBM alle seine 130.000 Mitarbeiter auf, ein Blog zu eröffnen. In der Hoffnung, damit eine große Menge der Gespräche selbst auszulösen.

Die Zukunft hat schon begonnen – sieben Beispiele

Das schwer zu begreifende Ende von Surge

1994 startete im Hauptquartier von Coca Cola in Atlanta ein Millionen Dollar schweres Geschäft. Wie immer ging es um einen Softdrink, eine neue Zitruslimonade. Coca Cola wollte ein neues Produkt, das besser ist als seine schwächelnde Brause Mello Yello und vor allem so viel stärker als Pepsis Mountain Dew. Zwei Jahre lang probierten die Foodchemiker in den Labors Rezept um Rezept – im Jahre 1996 schließlich hatten sie nach endlosen Testreihen einen Sieger: eine giftgrüne Zitruslimonade mit einigen Zutaten eines Energydrinks und einem kräftigen Koffeinanteil. Unter dem Decknamen „Urge" brachten sie das Getränk in Norwegen als Testmarkt heraus. Es lief prächtig. So prächtig, dass sie das Produkt ein Jahr später unter seinem richtigen Namen Surge auf dem wichtigsten Markt der Welt, in den USA, einführten. Sie waren überzeugt, genau das richtige Produkt zu haben. Sie hatten Millionen investiert und sie wollten die Millionen so schnell wie möglich wieder zurückhaben. Also beschlossen sie, eine der größten Marketingaktionen in ihrer nicht gerade ereignisarmen Marketinggeschichte zu starten. Sie heuerten die angesagteste Werbeagentur an, die sie finden konnten, ließen sie jede Menge TV-Spots produzieren und starteten ihre Werbeschlacht zur teuersten Sendezeit, die sie kaufen konnten: zur Super Bowl, der amerikanischen Football-Meisterschaft.

Das Ganze erwies sich als Riesenerfolg. Vielleicht deshalb brachten die Coca Cola Leute ein Jahr später eine weitere Zitruslimonade auf den Markt: Citra. Die Umsätze mit ihr bewegten sich zwar nur bis zu einem Drittel der Surge Umsätze, aber sie waren zufrieden.

Im zweiten Verkaufsjahr von Surge brach der astronomische Umsatz zusammen. Sie verkauften rund ein Drittel weniger. Wie immer, wenn Old School-Werber unter sich sind, beschlossen sie, einfach mehr Werbung zu machen. Sie verdoppelten den Etat und verpassten der Limonade ein neues Logo. Das sollte helfen, dachten sie.

Aber es half nicht. Surge verlor weiter an Boden. Die ersten Abfüller bekamen Zweifel, die immer mehr um sich griffen als die Absatzzahlen weiter fielen. Zu Beginn des Jahres 2002 wurde Surge nicht mehr abgefüllt. Das Ende der Limonade war gekommen.

Jetzt schlug die Stunde ihrer Fans.

Am 1. Februar 2002 gründeten Eric Karkovack und Avery Lund die Website savesurge.org. Die beiden liebten Surge über alles und hatten bereits Monate vor dem drohenden Ende von Surge nachgedacht, wie sie dem Produkt wieder auf die Beine helfen konnten. Als Surge im Jahre 2002 aus den Getränkeregalen verschwand und nur noch in wenigen Zapfanlagen im Ausschank war, gingen sie mit ihrer Werbe- und Rettungsaktion ins Netz. Die Aktion von savesurge.org war in vielerlei Hinsicht ein riesiger Erfolg. Die beiden Betreiber bekamen für ihren Kampf über ein Jahr volle Medienaufmerksamkeit, nicht nur von der Getränkefachpresse, sondern von Popmagazinen ebenso wie Wirtschaftsblättern. Sie boten mit ihrer Website den Surge Fans eine Anlaufstation und forderten sie zu Aktionen auf: Schreibt an Coca Cola, um Surge wieder ins Programm zu nehmen.

Volles Medieninteresse

Schreibt an die Abfüller, Surge wieder in Flaschen zu füllen. Schreibt an Wal Mart, sie mögen Surge beim Konzern bestellen.

Mehrere tausend Fans haben genau das getan. Aber ein paar Dutzend taten noch mehr. Sie schrieben Songs und Geschichten über Surge. Sie ersteigerten bei eBay die letzten übrig gebliebenen 12-Packs, für 200 Dollar. Sie gründeten Initiativen in ihren Heimatorten. Sie entwarfen neue Logos, Anzeigen und andere Werbeideen für Surge. Zwei Filmstudenten drehten schließlich einen Dokumentarfilm über die Save-Surge-Aktion; er gehört zu den vielen Merchandising-Artikeln, die von Surge Fans gekauft werden.

Nach Meinung der Surge Fans war nicht die Brause schlecht, sondern die Werbung, die Coca Cola für das Produkt machte.

Und vielleicht ist es genau das, was Coca Cola davon abhält, den tausenden treuen Fans nachzugeben und Surge wieder auf den Markt zu bringen: Zuzugeben, dass man ein gutes Produkt mit schlechter Werbung gekillt hat.

Firefox: Marketingkommunikation als Open-Source-Projekt

Stellen Sie sich vor, Sie wollen eine ganzseitige Anzeige in der New York Times schalten, die etwa eine viertel Million Dollar kostet, aber Sie haben nicht das Geld dafür. Woher können Sie das Geld bekommen?

Die Mozilla Foundation hat es von freiwilligen Spendern, Fans ihres Browsers Firefox, erhalten. Nur 17 Stunden nach dem Aufruf im Internet, hatten über 2.500 Spender die nötige Summe aufgebracht.

Vielleicht wird der November 2004 als einer der Wendepunkte im Massenmarketing in die künftigen Lehrbücher eingehen. Denn er zeigt, wie eine No-Budget-Kampagne wie ein Lauffeuer übers Internet um die ganze Welt gehen kann. Es handelt sich um die Einführung des Internetbrowsers Firefox. Firefox ist als Browser angetreten, die Vorherrschaft des von Microsoft herausgegebenen Internet Explorers zu brechen. Ein aussichtsloses Unterfangen, bei einem Marktanteil des Marktführers von rund 96%.

Doch der Herausgeber des Firefox Browsers, die Mozilla Foundation, hat mit ihrer Kampagne einen so gewaltigen Start hingelegt, dass binnen zwei Wochen fünf Millionen Nutzer den neuen Browser heruntergeladen und installiert haben. Damit drückten Sie den Marktanteil von Microsofts Explorer binnen dieser kurzen Zeitspanne erstmals seit Jahren wieder unter 90%. Heute, Anfang des Jahres 2010, wird er einst übermächtige Explorer nur noch von 65% der Internetnutzer verwendet.

Möglich machte dies nicht etwa ein großes Werbebudget oder der Einsatz großformatiger Werbeanzeigen oder TV-Spots. Möglich wurde dies durch den Einsatz von über 25.000 freiwilligen Unterstützern und mehr als 100.000 Websites, die Werbebannern oder Downloadbuttons kostenlos Platz auf ihrer Site einräumten.

Die Einführung des Mozilla Browsers zeigte, wie sich Fans eines Produktes auf vorher nie gekannte massenhafte Weise dafür einsetzen, dass dieses Produkt verbreitet und benutzt wird. Die Entwicklung des Firefox Browsers war ein Open-Source-Projekt, an dem Entwickler aus aller Welt kostenlos mitarbeiteten. Der Gedanke, nicht auf konventionelle Weise, sondern unter Nutzung der weltweiten Community das Produkt einzuführen, lag also nahe.

Die Website http://www.spreadfirefox.com diente dabei als Plattform für die Community und alle von ihr gestarteten Aktivitäten.

Die Kampagne blieb freilich nicht netzintern. Über die Einführung des Firefox Browsers berichteten Computerfachzeitschriften, Tagespresse und Wirtschaftsmagazine – oftmals in großen Titelstorys.

Die gewaltigen Erfolge der „Firefox-Kampagne" sind mit Sicherheit nicht auf kommerzielle Kampagnen übertragbar. Immerhin war mit der Open-Source-Community ein gewaltiges Unterstützernetzwerk vorhanden. Und bei dem Ganzen handelte es sich um ein nichtkommerzielles Projekt. Viele unterstützten die Sache auch deshalb, weil ein klares Feindbild vorhanden war: Bill Gates und sein Internet Explorer. Dennoch ist die „Spread-Firefox-Kampagne" ein gutes Beispiel dafür, dass Anwender oder Kunden, die von einer Sache begeistert sind, womöglich die Marketingkommunikation selbst in die Hand nehmen wollen.

Klares Feindbild nützt

Apple iPod: Ein Fan gestaltet die Werbung

Die Marke Apple hat einen harten Kern enthusiastischer Nutzer wie kaum eine andere. Vermutlich ist es nur diesen überzeugten Kunden zu verdanken, dass eine Marke wie Apple nach einem beinahe völligen Untergang einen zweiten rasanten Aufstieg erleben konnte.

Apple Computer sind die bevorzugte Büroausstattung von Werbeleuten, Designern, Architekten, Fotografen. Ja, beinah jeder, der einen kreativen Beruf hat, arbeitet mit den hervorragend designten Produkten dieser Marke. Da hilft es wenig, dass eine wachsende Linux Community auf der einen und nüchtern kalkulierende Windows Anwender auf der anderen Seite auf Preisvorteile ihrer Softwarewelten hinweisen. Apple Anwender bleiben der Marke treu.

Mit dem Apple iPod versuchte sich Apple erstmals in der Unterhaltungselektronik. Den Entwicklern gelang auf Anhieb ein Kultprodukt. Kein anderer MP3-Player unterschied sich im Design, der Bedienung und der Speicherkapazität so sehr von der Konkurrenz wie der Apple iPod.

Die Marketingstrategen von Apple schufen einfache, aber unverwechselbar gestaltete Serien aus Spots, Plakaten und Anzeigen. Deren Designsprache wurde von Kunden in aller Welt übernommen. Die visuellen Elemente der Kampagne – eine scherenschnittartige schwarze Silhouette vor einem einfarbigen grellen Hintergrund – wurden zitiert, kopiert, ausgedruckt an Wände gepinnt und tauchten, egal ob im Original oder unverändert, auf tausenden von Websites auf.

Es war wohl nur eine Frage der Zeit, bis einer unter den tausenden begeisterten Designern, die den iPod zu ihrem Lieblingsspielzeug erklärten, den Drang verspürte, auch Werbung für sein geliebtes Produkt zu machen. George Masters, ein 36 Jahre alter Highschool-Lehrer aus Kalifornien, setzte sich hin und kreierte eine Flash-Animation als Werbebotschaft für den iPod, die die ganze Marketingwelt zum Staunen brachte: Es war keine simple Kopie, sondern eine völlig freie Arbeit, die sich höchstens an Stilelemente der Apple Kampagne anlehnte. Es war ein groovendes, musikuntermaltes, trickreiches Stück, das begeisterte und das Lebensgefühl der iPod-Anwender wohl absolut perfekt einfing. Mehr als fünf Monate hatte George Masters in seiner Freizeit an der hoch professionellen Animation gearbeitet, aus Spaß an der Sache, wie er sagte. Als er die Werbung auf seiner Homepage veröffentlichte, tat er das, um Feedback einzuholen. Das Feedback war gewaltig. Der Mann wurde von E-Mails überrollt und seine Story wurde in Mac-Magazinen, TV-Sendern und der New York Times berichtet. War es am Ende nur getarnte Werbung – eine Guerilla-Aktion, die den Kult der Marke noch weiter anheizen sollte? Von Apples Seite wurde die Werbung weder gestoppt noch gaben die PR-Leute irgendwelche Kommentare dazu ab.

Freizeittipp: Werbung machen

Das Kind: Ein Thriller, der in Ihr Leben eindringt

Im Dezember 2007 geschahen in Berlin seltsame Dinge. So zum Beispiel bei Frank Schröder aus Berlin Friedrichshain. Der war gerade beim Teekochen in der Küche, als der Pizzabote klingelte und mit einer Jumbo-Pizza Salami/Käse vor der Tür stand. Dumm nur: Er hatte keine bestellt. Irgendwer hatte die Pizza in Auftrag gegeben, bezahlt und sie an Frank ausliefern lassen. So wie Frank ging es mehreren Berlinern. Der große Unbekannte versandte Pizzen, und auch Blumensträuße. Nichts deutete auf den Absender – aber ein kleiner USB-Stick lag jeder Sendung bei. Wer so neugierig war und ihn an den Computer anschloss, sah darauf ein rätselhaftes, verwackeltes Video, das nichts als das Innere eines Fahrstuhls zeigte. Diese unbestellten Grüße mit Videobotschaft waren kein schlechter Scherz von Freunden oder gar das Werk eines Psychopathen. Sie waren Teil eines so genannten Alternate Reality Games (ARG). Eines Spielgenres, das derzeit einen neuen Trend in der Onlinewerbung markiert.

Alternate Reality Games, kurz ARG, sind Spiele, die Virtualität und Realität vermischen. So entsteht eine dritte Wirklichkeit, von der man sich ständig fragt „echt" oder „nicht echt"? Das ganze Leben wird zum Spielfeld erklärt. Alles in der Umgebung kann Teil der Realität oder des Spiels sein. Wahrheit oder Spiel – die Unterscheidungslinie soll gar nicht gezogen werden. Denn das oberste Prinzip der Spielemacher lautet: Niemals zugeben, dass es ein Spiel ist.

Eine dritte Wirklichkeit

Veranstalter des Spiels war der Droemer Knaur Verlag, der mit diesem Spiel auf das neue Buch des Berliner Thrillerautors Sebastian Fitzek „Das Kind" aufmerksam machen wollte. Schon bald fanden sich im Internet die diversen Empfänger dieser USB-Sticks zusammen und diskutierten über den Absender. Andere wurden drauf aufmerksam und so halfen bald mehrere 100 Personen zusammen, um das Rätsel des Absenders zu lösen. Schon bald war klar, dass sie auf der Fährte eines geheimnisvollen Verbrechers waren, der offenbar mehrere Morde begangen hatte. Sogar Hinweise auf einen Tatort gab es. Als die Spieler dort ankamen, waren tatsächhlich Polizei und Gerichtsmediziner vor Ort, die den Fund einer Leiche bestätigten. Aber alles war nur getürkt: In den echten Polizeiuniformen steckten Schauspieler. Gegen Ende des Spiels erschien sogar der gesuchte Killer auf der Bildfläche und warnte einige der Hobbyermittler per Telefon „es nicht zu weit zu treiben."

Zu guter Letzt bestellte der vermeintliche Killer die Ermittler, die ihm auf den Fersen waren, zu einem nächtlichen Treffpunkt tief drin im Grunewald und ließ sie dort kidnappen. Mit verbundenen Augen und Kopfhörern wurden sie in einem Bus zu einem weiteren Schauplatz gebracht: einer leeren Stadtwohnung, in der Autor Sebastian Fitzek sie schon erwartete.

Build-A-Bear: Glücksgefühle beim Selbermachen

Bei der amerikanischen Spielzeugmarke Build-A-Bear sind die Kunden in nahezu den gesamten Marketingprozess integriert. Die Läden heißen nicht Shops, sondern Workshops. Denn Kunden können sich in den Läden einen Teddybär selbst zusammenbauen. Dabei ist ein solcher Workshop in verschiedene Stationen eingeteilt: Erst sucht man sich ein Stofftier aus – einen Bären, Tiger, Hasen oder etwas anderes. Dann trägt man die leere Hülle zur Füllstation, wählt zwischen den verschiedenen Füllmischungen, die Liebe, Freundschaft oder Umarmungen und Küsse heißen. Jeder Bär bekommt ein Herz, das in ihm steckt. Es ist mit einem individuellen Strichcode versehen. An einer anderen Station kann man dem Bär das Sprechen beibringen. Man lässt ihn „Happy Birthday" singen. Oder man nimmt einen eigenen Grußtext auf, den der Bär spricht. Nachdem der Bär gefüllt und ausgestattet ist, kann der pelzige Freund angezogen werden. Mit T-Shirts, die einen Spruch tragen. Oder als Tennisspieler, Tänzerin oder Pirat. Man kann ihm Sneakers oder Wanderschuhe anziehen oder einen kleinen Geschenkbeutel in die Hand geben. Prima, um einen Verlobungsring zu überreichen. Der fertige Bär bekommt einen Namen und eine Geburtsurkunde, die gleich ausgedruckt wird. In einem Papphaus wird jeder Bär nach Hause getragen. Seit der Gründung 1997 ist das Build-A-Bear Workshop-Konzept am Wachsen. Heute, im Oktober 2009, sind es weltweit bereits mehr als 400 Build-A-Bear Workshops. Das amerikanische Unternehmen hat die ersten Shops in Asien und Europa errichtet.

Bär mit Herz

Wer sind die Kunden des Unternehmens? Die meisten Kunden des Shops sind Kinder, junge Mädchen im Alter bis 14 Jahren. Aber die Tatsache, dass Teddybären eben auch zu Hochzeiten, zum Valentinstag oder zu anderen besonderen Anlässen verschenkt werden, zeigt, dass die bärige Idee einen das ganze Leben begleiten kann. Jeder dieser registrierten Bären ist übrigens in einer Datenbank beim Unternehmen eingetragen. Verlorene Bären können über das Internet gesucht und gefundene im nächsten Build-A-Bear Workshop abgegeben werden. Viele Bärenmütter kaufen das ganze Jahr bei Build-A-Bear ein, sie bestellen Accessoires und neue Kleidung. Sie bauen neue Bären – angeblich baut der durchschnittliche Kunde von Build-A-Bear fünf Stofftiere pro Jahr.

Für die Hauptzielgruppe der Kinder bietet Build-A-Bear Kinderpartys („Pfotenpartys") an – entweder man lässt sich bei der Partyplanung im Internet helfen oder man bucht gleich eine organisierte Party bei Build-A-Bear. Dann sind Entertainment, Betreuung, Eiscreme, Kuchen und Getränke inklusive. Es gibt vorgefertigte Einladungs- und Danksagungskarten, die die Kunden benutzen können.

Party im Shop

Auch die Personalrekrutierung läuft über die Kunden. Stammkunden werden angesprochen, ob sie nicht im Laden arbeiten möchten. In einem dreiwöchigen Kurs werden sie zum „Master Bear Builder" ausgebildet. Danach beraten die ehemaligen Kunden neue Kunden.

Blowfly Bier: 87 % aller Ressourcen fließen den Kunden zu

„Wir haben eine andere Philosophie als die meisten. Anstatt Millionen von Dollar dafür auszugeben, dass wir Leute verärgern, die kein Interesse an unserem Produkt haben, konzentrieren wir 87 % unserer Ressourcen auf unsere Kunden und gemeinsame Erlebnisse mit ihnen. Schließlich sind das unsere besten Werbeträger. Ihre Freunde glauben ihnen weit mehr als uns, wenn wir eine Plakatwand bekleben oder das Hinterteil eines Busses verzieren", sagt Liam Mulhall, einer der Erfinder des Blowfly Bieres. Die Geschichte von Blowfly klingt fast ein bisschen so, als hätte sich jemand hingesetzt, um die Macht der Mundpropaganda zu beweisen. Und die Macht, die von Leuten ausgeht, die sich für eine Sache einsetzen und von ihr was verstehen.

Liam Mulhall und seine Partner Greg Bunt und Anthony Moran haben auf dem von Großbrauereien hart umkämpften Biermarkt Australiens eine eigene Biermarke hochgezogen – ohne Braukenntnisse, ohne Marketingkenntnisse, ohne dickes Werbebudget. Bis heute besitzen sie nicht mal eine Brauerei – sie vergeben einfach einen Brauauftrag. Der Beweis, den sie antreten wollten, war der: Kann man eine Biermarke starten, indem man sie mit den Kunden gemeinsam aufbaut und die Kunden gleichzeitig zu Anteilseignern macht? Ein Old School-Werber hätte das natürlich ganz anders aufgezogen: Der identifiziert eine Zielgruppe, stellt ein Produkt her, stattet die Agentur mit ein paar Millionen Dollar Werbeetat aus – und hofft, dass irgendwann Gewinne zurückfließen.

Biertrinker wird Brauereibesitzer

Liam Mulhall und seine Partner stellten ihr Konzept von Blowfly Bier ins Netz: Eine Biermarke, die den Biertrinkern gehören sollte. Die Idee: Wer sich auf der Website registrieren ließ und anschließend Bier bestellte, bekam nicht nur das Getränk, sondern auch einen Unternehmensanteil. Und wer neue Mitglieder warb, konnte seinen Unternehmensanteil erhöhen. Allein schon das war ein mächtiger Anreiz. Aber den Mitgliedern wurde noch mehr geboten. Während 13 Wochen waren sie aufgerufen, an der Markteinführung der Biermarke mitzuarbeiten. Über Votings sollten sie bei der Auswahl des Logos, der Flaschenform und des Etiketts mithelfen. Sie sollten auch bestimmen wo die Eröffnungsparty stattfinden sollte, auf der das Blowfly Bier das erste Mal fließen durfte und zu der selbstverständlich alle Mitglieder eingeladen waren.

Vielleicht kommt es Ihnen seltsam vor, dass die Leute sich für ein Bier ins Zeug legen sollten, das es noch nicht einmal gab. Aber sie taten es. Nachdem 140 E-Mails mit einer Einladung sich registrieren zu lassen an 140 Freunde und Familienmitglieder verschickt worden waren, begann die Mundpropaganda zu wirken. Mehr als 1.000 neue Mitglieder ließen sich in der ersten Woche nach Versand der E-Mail registrieren. Drei Monate später zählte die Blowfly Community bereits 10.000 Mitglieder.

Google G-Mail: Produkteinführung nach dem „one to some"-Prinzip

Die Einführung von Googles E-Mail-Dienst G-Mail ist ein Beispiel dafür, wie geschickt es ist, die Kontrolle über die Verteilung von Werbebotschaften aus der Hand zu geben. Anstatt in der Betaphase G-Mail-Accounts massenhaft bereitzustellen, machten es die Google Leute gezielter und exklusiver. Sie stellten nur wenigen Nutzern einen Testaccount zur Verfügung, verbunden mit dem Recht, fünf weitere Einladungen auszusprechen. Wer G-Mail testen wollte, musste also jemanden kennen, der einen G-Mail-Account besaß und einen einladen konnte. Das war schwierig. Denn die wenigen Einladungen hatten die G-Mail-User der ersten Stunde an ihre engsten Bekannten weitergegeben – so liebevoll wie Herzchen zum Valentinstag. Das Interesse an G-Mail wuchs dadurch nur viel stärker.

G-Mail-Accounts gehörten zu den meistgesuchten Raritäten in der Webszene. Und Google hatte es tatsächlich wie eine Aktion unter Freunden getarnt. Offizielle Verlautbarungen zu der Kampagne gab es nicht. Selbst auf der Website des Unternehmens fand sich kein Hinweis auf die G-Mail-Einladungs-Accounts. Lange vor der Einführung waren damit vermutlich die wichtigsten und kritischsten Mailnutzer mit dem Programm vertraut. Erst in einer zweiten Stufe, kurz vor der offiziellen Einführung, wurden die G-Mail-Betatester mit einer größeren Zahl von Einladungen bedacht. Anstatt fünf konnten sie nun 50 Einladungen aussprechen.

Aktion unter Freunden

Dabei hat Google darauf vertraut, dass Nutzer selbst herausfinden, wem sie Botschaften zukommen lassen müssen und wem nicht. Und während sich Yahoo und MSN plagen, neue Anwender ihrer kostenlosen E-Mail-Angebote mit teuer bezahlter Werbung zu erkaufen, kann sich Google über eine nahezu Null-Budget-Aktion freuen, die weitaus wirksamer war. Im gleichen Jahr 2004 erwirtschaftete Google übrigens bei einem Jahresumsatz von 3,2 Milliarden Dollar einen Rekordüberschuss von fast 400 Millionen Dollar.

Literaturhinweise

◆

Blisset, Luther und *Brünzels, Sonja:* Handbuch der Kommunikationsguerilla, Assoziation, ISBN: 3 935 93604 4

Brandes, Dieter: Konsequent einfach, Heyne, ISBN: 3 453 18072 0

Carini, Marco: Fritz Teufel. Wenn's der Wahrheitsfindung dient, Konkret Literatur Verlag, ISBN: 3 894 58224 3

Dudenhöffer, Ferdinand: Abschied vom Massenmarketing, Econ, ISBN: 3 430 12232 5

Ettenberg, Elliott: Überleben im Käufer-Markt von morgen, Redline Wirtschaft, ISBN: 3 478 25330 6

Förster, Anja und *Kreuz, Peter:* Different Thinking, Redline Wirtschaft, ISBN: 3 636 01186 3

Freemantle, David: Was Kunden mögen, Econ, ISBN: 3 430 12947 8

Gladwell, Malcolm: Der Tipping Point. Wie kleine Dinge Großes bewirken können, Goldmann , ISBN: 3 442 12780 7

Godin, Seth: Free Prize Inside, Penguin Books, ISBN: 1 591 84041 4

Godin, Seth: Permission Marketing, Finanzbuch Verlag, ISBN: 3 932 11452 3

Godin, Seth: Purple Cow. So infizieren Sie Ihre Zielgruppe durch Virales Marketing, Campus, ISBN: 3 593 37427 7

Langner, Sascha: Virales Marketing. Was Google, GMX und Napster erfolgreich macht, Businessvillage, ISBN: 3 934 42425 2

Levinson, Jay Conrad und *Godin, Seth:* Das Guerilla Marketing Handbuch. Werbung und Verkauf von A bis Z, Heyne, ISBN: 3 453 17382 1

Lindstrom, Martin und *Seybold, Patricia:* Marken-Kids, Redline Wirtschaft, ISBN: 3 478 21070 4

McConnell, Ben und *Huba, Jackie:* Creating Customer Evangelists, Dearborn Trade Publishing, ISBN: 0 793 15561 4

Metzinger, Peter: Business Campaigning, Springer, ISBN: 3 540 40667 0

Renner, Tim: Kinder, der Tod ist gar nicht so schlimm, Campus, ISBN: 3 593 37636 9

Ries, Al und *Laura:* PR ist die bessere Werbung, Redline Wirtschaft, ISBN: 3 478 21150 6

Rosen, Emanuel: Net-Geflüster, Econ, ISBN: 3 430 16786 8

Wehleit, Kolja: Leitfaden Ambient Media, Businessvillage, ISBN: 3 934 424244
Whitaker, Andrew: Viral Marketing in a Week, Hodder Arnold H&S, ISBN: 0 340 84904 5
Wipperfürth, Alex: Brand Hijack, Penguin Books, ISBN: 1 591 84078 3
Wirth, Thomas: Missing Links. Über gutes Webdesign, Hanser Fachbuch, ISBN: 3 446 22009 7

Sachregister

◆

Der Autor

◆

Fotograf: Jan Mittelstaedt

Ich heiße **Bernd Röthlingshöfer** und bin seit mehr als 20 Jahren in der Werbung tätig. In dieser Zeit war ich Texter, Kontakter, Kreativdirektor und Geschäftsführer. Ich habe ein paar hundert oder ein paar tausend von Ideen entwickelt – die weniger guten für den Papierkorb, die besten für meine Kunden. Meine Auftraggeber waren so vielfältig wie die Produkte und Dienstleistungen, die beworben werden wollten. Existenzgründer, mittelständische Industrieunternehmen, Konzerne, Ministerien, Vereine und Verbände oder soziale Einrichtungen. Mal ging es um Satelliten-, dann um Salatschüsseln, mal um Ökoerziehung, mal um Einbauküchen.

Heute schreibe ich Bücher und bin als Workshopleiter oder Referent tätig. Wenn Sie möchten, laden Sie mich zu einem Workshop oder Vortrag ein. Ich bin Mitglied der „Viral & Buzz Marketing Association" (VBMA), eines internationalen Verbandes, der sich der Erforschung, Förderung und Entwicklung konsumentenfreundlicher Marketingtechniken widmet.

Wenn Sie über spannende News aus der Welt der Werbung, Fallbeispiele und Praxistipps immer auf dem Laufenden sein wollen, lesen Sie doch auch in meinem Blog unter der Adresse:

http://berndroethlingshoefer.typepad.com

Der Blog ist eine ideale Plattform, auf der Sie kommentieren, mit mir und anderen diskutieren oder Ihre Ideen beitragen können. Dort erfahren Sie auch, wo und wie Sie mich persönlich erreichen. Ich freue mich auf den Gedankenaustausch!

Jetzt komme ich aber wirklich zum letzten Satz des Buches und der gebührt Dir: Danke Katja!